U0397476

主编 徐楠 卢勇舟 肖琴

肌肤焕新全攻略

皮肤科医生有妙招

上海科技教育出版社

图书在版编目（CIP）数据

肌肤焕新全攻略：皮肤科医生有妙招 / 徐楠，卢勇舟，肖琴主编. —上海：上海科技教育出版社，2024.4

ISBN 978-7-5428-8127-4

Ⅰ.①肌…　Ⅱ.①徐…　②卢…　③肖…　Ⅲ.①皮肤—护理—普及读物　Ⅳ.①TS974.11-49

中国国家版本馆CIP数据核字（2024）第043062号

责任编辑　杨　翎
装帧设计　杨　静

JIFU HUANXIN QUANGONGLÜE

肌肤焕新全攻略
皮肤科医生有妙招
主编　徐　楠　卢勇舟　肖　琴

出版发行　上海科技教育出版社有限公司
　　　　　（上海市闵行区号景路159弄A座8楼　邮政编码201101）
网　　址　www.sste.com　www.ewen.co
经　　销　各地新华书店
印　　刷　上海昌鑫龙印务有限公司
开　　本　720×1000　1/16
印　　张　13
版　　次　2024年4月第1版
印　　次　2024年4月第1次印刷
书　　号　ISBN 978-7-5428-8127-4/N·1217
定　　价　88.00元

主编简介

 **徐楠** 医学博士，激光医学博士后，美国哈佛大学医学院高级访问学者，主任医师，博士生导师。上海市东方医院（北院）皮肤科主任，世界华人皮肤病专业委员会常委，上海市医学会医学美学与美容专科分会委员兼秘书，上海市浦东新区医学会皮肤性病学专科委员会主任委员。主持国家自然科学基金项目2项，发表论文数10篇。

 **卢勇舟** 医学硕士，同济大学皮肤性病学博士（在读），主治医师。上海市浦东新区医学会皮肤性病学专科委员会委员。主持科研课题2项，国内外期刊发表论文20余篇，授权专利10余项。

 **肖琴** 医学硕士，同济大学皮肤性病学博士（在读），副主任医师，美容主诊医师。从事皮肤病临床工作近20年。上海市中西医结合学会第九届皮肤性病学会委员，上海市浦东新区医学会皮肤性病学专科委员会秘书。近5年，主持和参与科研课题4项，授权专利4项，发表论文10余篇。

编写者名单

主 编

徐 楠　卢勇舟　肖 琴

编 者

徐倩楠　贾传龙　龚诚宸

栾栋栋　郭 静　高 锦

绘图者

卢勇舟　高 锦　郭 静

序

　　光阴荏苒，韶华易逝，漫漫从医路，二十载有余。

　　一直庆幸自己选择做了皮肤科医生，因为这个职业不仅能治病救人于危难，还可以帮大家变得更美。医院的工作容不得一丝懈怠，白天总是在忙碌中度过，医、教、研琐事繁杂，好在团队朝气蓬勃，大家苦中作乐，繁事化简。最开心的就是看到患者复诊时的笑脸，年轻医生又有新的科研成果发表。时间就这样日复一日、年复一年地流逝。

　　待华灯渐暗，万籁俱静，褪去一身疲惫，煮清茗半盏，挑灯方寸书桌。揉进月光，任由思绪自由流淌，化作屏幕上闪跃的字符。气定神闲、心无旁骛的夜晚才最完美。

　　科普写作纯粹是兴趣使然。喜好与工作同频，还能授人以渔，何尝不是一种美丽的幸福？纵不能似鲁迅先生有弃医从文、报效国家的担当，也尽力让笔尖生出优雅惠众的花朵。都说漫漫长夜无心睡眠，但夜色再美，终有尽头。按时入睡是对生命最起码的尊重，更是为了明早的容颜不老于今晚。

几番寒暑，冬夏轮回，团队的微信公众号收获了不少粉丝，也积累了些许科普小文。"独乐乐不如众乐乐"，遂精挑细选，集点滴成册，与君分享。虽力求完美，但金无足赤，每位作者的写作风格不同，每位读者的阅读喜好也不一样。无论知己还是过客、铁粉还是黑粉、建议还是意见，一并感恩。

天地悠悠，砥砺前行。朋友易遇，知己难求。唯愿君心似我心，赏人间烟火，品夏暖冬凉。

2023 年 12 月

前　言

我们在临床工作中体会到科普宣教的重要性，通过教会患者在日常细节中爱护皮肤，将会更有利于他们的康复。然而，门诊医生往往没有太多时间给患者讲得那么详细。基于此，我们团队在2017年创建了一个关于疾病与护肤的微信公众号，并断断续续地更新了300余篇原创科普文章。这一系列科普宣教受到了广大患者的喜爱。为了进一步满足更多患者的需求，我们整理了既往的文章，并根据目前患者的需求，编写了这本科普读物。

本书内容共分为9章，第一章面部护理介绍了日常护肤的注意事项，跟着这套流程走可以避免很多弯路；第二章介绍了眼周肌肤的保养，都说"眼睛是心灵的窗户"，眼周皮肤年轻了，人自然也显得年轻；第三章手足呵护介绍了手和脚的皮肤护理和常见疾病；第四章介绍了一些常见皮肤问题的认识误区及如何规避；第五章与变美有关，主要是家用护肤和医疗美容；第六章到第九章从四季变换的角度出发，介绍了皮肤常见病的防治。

我们在编写的过程中，力求做到全面、简明、扼要，以及通俗易懂，用生动形象的表达提高读者的阅读兴趣，帮助读者更好地了解皮肤。

全书图文并茂，把科学性、知识性、实用性融为一体。叙述方式灵动活泼，贴近日常生活；内容丰富全面，涉及每个季节常见的皮肤问题。因此，本书较适合普通大众阅读。

编　者

目　录

下篇　肌肤的四季

第六章　春季肌肤之困惑 \ 108

上篇

护肤的进阶

第一章　面部护理之感想

1. 清　洁

油腻的皮肤是洗出来的吗

清洁，排在"护肤三部曲"之首，可见其重要性。不少年轻朋友对此却有很多问号：科学洗脸到底指每天洗几次？用肥皂洗脸是不是比洗面奶洗得更干净？为什么我的脸越洗越油？洁面产品该如何选择？先别急！答案都藏在本节中。

一、皮脂腺功能

早上睁开眼，第一件事儿就是刷牙洗脸。当你觉得自己的脸油油的，先别急着洗掉，这层油很珍贵。皮肤中有一个叫作皮脂腺的附属器，几乎遍布全身，它的重要职责就是不断地分泌油脂以滋润皮肤，包括毛发。虽然皮脂腺工作很勤奋，但其工作量多少受各种因素影响，包括年龄、部位、激素水平、环境温度等，比如面部（尤其是 T 区）及胸背部是皮脂腺分布密集的区域，因此也较四肢显得更油。皮脂腺分泌的物质连同汗液及角质层细胞构成皮肤表面重要的保护性屏障。这层屏障关乎皮肤的健康，我们会在后面不同的章节中介绍到。

说到皮脂腺的分泌功能，可以用"增一分则肥，减一分则瘦"来形容。如果分泌过于旺盛，就是现实中的"大油皮"，油腻、粗糙、暗沉甚至毛孔粗大，影响颜面美观，诱发"痘痘"，谁都不想要；反之也并非万事大吉，皮脂匮乏的结果就是出现皮肤干燥、脱屑、缺乏光泽，甚至诱发很多瘙痒性皮肤病。

健全的皮脂膜及屏障功能不仅能有效锁住皮肤内的水分和营养，令皮肤滋润水嫩，富有光泽，还兼具免疫功能，增强皮肤抗微生物感染及纠正免疫紊乱的作用。你就说它珍贵不珍贵？

洗脸的实际功能是清除面部皮肤残留的灰尘、污垢及多余油脂，让皮肤洁净清爽，平衡微生物组群。此外真就没有其他功效了。所以，购买和使用号称有"美白""抗衰"作用的洁面产品，毫无疑问都是智商税。

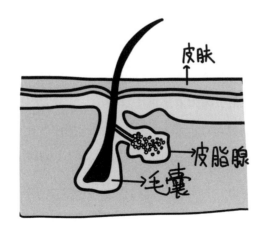

二、角质层

现在很流行的一个词叫作"去角质"，本质就是强力去除我们皮肤最外层的角质细胞，声称去掉"死皮"后皮肤将宛若新生，像剥了壳的鸡蛋。真相确实如此吗？一次性去除过多堆积的角质确实会让皮肤有发光发亮的效果，但别忘了，角质层是皮肤屏障的重要组成部分，频繁、过度地去除角质会大大削弱其屏障功能，导致皮肤容易干燥起皮，还可能诱发过敏，对外界的刺激越来越不耐受。很多过敏性皮肤问题的重要原因之一就是过度清洁及去角质。请大家一定要珍爱自己的角质层。

三、科学洗脸

既然清洁可以去污垢，还能去油，那是不是"大油皮"就得经常洗脸呢？非也，凡事都要掌握度。皮脂腺的分泌受中枢神经系统调控，如果皮肤表面过油，意味着皮肤得到足够的滋润，该信息反馈给大脑后，大脑会下达暂缓分泌的指令，避免浪费。当你一觉得皮肤油就洗掉，结果可能是给大脑传递了皮肤干燥的信号，进而刺激皮脂腺"撸起袖子加油干"，不停歇地分泌皮脂，陷入"清洁—干燥—分泌"的恶性循环。所以，即使你是"大油皮"，也千万别有事儿没事儿地经常洗脸。

洗脸用的洁面产品该怎么选？这个还是要看你的肤质需要。假如你的皮肤性质耐受性比较好，油脂分泌也比较均衡，就不用刻意关注产品成分，正规品牌的洁面产品都可以大胆尝试。但假如你的皮肤比较敏感、易激惹，那建议选择模拟皮肤生理环境的成分，"弱酸性""温和""天然保湿因子"等都是有用的标签。皮肤对任何外用产品都有一个适应的过程，如非必要，不建议特别频繁地更换产品或者多种类型产品混用，造成浪费不说，也会增加致敏风险。

科学洗脸必须遵循"三温"原则。

（1）温水洗脸：水温最好控制在
34~38℃。这个温度最接近体表温度，有
助于毛孔扩张，清洁偏油性的皮肤较为彻
底。大部分人保持每天早、晚各洗脸 1 次
即可，每次洗脸时间控制在 1~3 min。

（2）温和的洁面产品：室内工作且
环境比较干净，或者皮肤比较敏感，可以
只用清水洗脸，谨慎选择洁面产品。"大
油皮"宜选择兼顾控油加保湿功效的洁面产品。干性皮肤则宜选择含油相
成分的洁面产品，洗脸后及时加强保湿。

（3）温柔的洗脸方式：洗脸时，建议采用手指打圈儿的方式轻柔地
洗脸，非必要不建议使用诸如洁面仪之类的辅助工具。对于一般的防晒霜，
日常洁面产品就可以清洁干净。防水型防晒霜或彩妆可以先用卸妆水有效
溶解，再用温和的洁面产品将残余成分洗干净，最后一定别忘记涂保湿剂。

四、身体清洁

既然详细解读洗脸了，那沐浴、洗头、洗脚呢？其实"上下一张皮"，
无论洗哪里，原则都是一样的，即清除污垢的同时保护好皮脂膜。

先说说沐浴，要根据体力活动强度、是否出汗及个人习惯适当地调整
沐浴方案。每次沐浴时间不宜过长，如果每天洗，每次 5~10 min 即可。

洗头的温度一般略高于体温，频率以头发及头皮不油腻、不干燥为

度。洗发水揉搓时间不宜太长，避免破坏头皮屏障，总时长一般控制在5~7 min。

洗脚的时间建议放在睡前，水温也要略高于体温，非保健目的下，时间一般控制在3~5 min。如果是泡脚，水温可以略高于40℃，时间延长到20 min 为宜，别贪图舒服而泡脚时间过长。另外，对患有心脏疾病的人群，除了控制泡脚时长，还要关注温度。记得洗脚后要涂抹油脂丰富的保湿剂（霜）做足保护。

2. 保湿

皮肤水嫩的秘诀

一、干燥皮肤成因

皮肤为什么会变得干燥？正常皮肤的角质层含水量维持在10%~20%，

这样才能保持柔润、光滑、有弹性。当皮肤的角质层含水量低于 10% 时，就会出现干燥、脱屑，甚至皲裂。随着年龄增长，以及环境污染、气候变化、精神压力等，皮肤衰老加速、新陈代谢减缓，皮肤水分流失严重，导致皮肤粗糙、暗淡、起皱纹和起色斑等一系列问题。所以补水也是防止皮肤快速老化的第一步。

皮肤最外层的角质层富含脂质，主要来自皮脂腺的分泌。不要小看这薄薄一层，它不仅可减少皮肤水分蒸发，皮脂还含有天然的抗菌成分，可抑制有害菌的生长，是皮肤屏障的主要成分。所以，皮脂腺分泌过少或过度清洁，导致皮脂不足，皮肤就会变得干燥，在湿度偏低的季节（冬季）和北方地区尤其如此。

除此之外，有些疾病也会让皮肤变得干燥。

（1）毛周角化病：就是我们常说的"鸡皮肤"。美国家庭医师学会（AAFP）表示，近 40% 的成年人和 80% 的青少年患有毛周角化病。大多表现为四肢伸侧出现"鸡皮样"丘疹。

（2）过敏性皮炎：《营养与代谢年鉴》2015 年刊文称，全球 20% 的儿童和 3% 的成年人患有过敏性皮炎。这在哮喘或花粉症患者中尤为常见。

（3）激素变化：体内激素水平的变化会影响皮肤状态。婴儿身上容易出现乳痂，女性绝经后皮肤会变得异常干燥。

（4）甲状腺疾病：甲状腺功能减退症患者的甲状腺无法分泌足量甲状腺素，发病早期都会伴有不同程度的皮肤干燥。

（5）糖尿病或肾病：此类疾病的患者因身体代谢问题，会导致皮肤干燥，小腿尤其严重。

二、保湿策略和方法

1.选择水乳状保湿产品

选择保湿产品时要注意，厚重的霜剂更适合非常干燥的身体部位，面部最好选择相对轻柔的水乳状保湿产品。

2.注意补水的正确时间

夜间肌肤会蒸发约 200 mL 的水分，因此，给肌肤补水的关键时刻是早上。起床后及时补充身体所需要的水分，可以让肌肤恢复光彩水嫩，避免干燥。

3.科学选择功效成分

含有维生素的面霜，尤其是含有维生素 C、维生素 E 成分的面霜，长期坚持使用，会令肌肤更加白皙、滋润、有光泽。

4.随时补水

选择适合自己肤质的保湿喷雾，让肌肤时刻喝水。如果忘记带保湿喷雾，最简便的方法就是买一瓶矿泉水，用手拍打一些水于脸上，可以随时随地进行。但要提醒大家，补水后仍需要及时使用保湿产品。

三、常见的认识误区

1. 敷面膜就能给皮肤补水

当缺水、干燥等情况蜂拥而至时，爱美女性想到的第一件事儿就是敷面膜吧。的确，这时候有一张冷冰冰、湿哒哒的面膜敷在脸上，瞬间降温补水，感觉舒服很多。但面膜也不可以乱敷，用得巧能有效改善肌肤状况，如果"踩雷"了，则会适得其反。比如频繁或长时间敷面膜，让皮肤处于过度水合的状态，就像一直泡在泳池里，这时候细胞间的紧密连接松弛了，会加速皮肤内的水分流失。这样补进去没多少，而本来有的水分又出去了，想想都知道后果，那就是皮肤出现干燥、脱屑，甚至诱发过敏。所以敷面膜，本质上并不是有效的补水手段。

2. 经常去角质能让补水更容易

当角质层细胞过厚，会影响皮肤的外观和正常的吸收功能，这种情况下，可以使用温和的角质剥脱剂，将过多堆积的角质细胞剥离，并加速细胞更新速度，进而改善皮肤状态。但是，如果过度、频繁地去角质，则会破坏天然的皮肤屏障，反而加速水分流失，使皮肤更干燥、敏感。

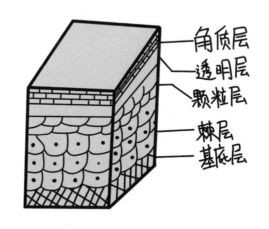

3. 用玻尿酸补水立马见效

外用的保湿剂大致可分为两种：一种是在皮肤表面形成一层封闭性的油膜保护层，模拟皮脂膜，以减少或阻止水分从皮肤表面蒸发；另一种可以渗透至皮肤，直接补充水分，并将皮肤内的水分牢牢锁住。玻尿酸又称透明质酸，本身就是皮肤内的生理性成分。其优点在于保湿时间更长，所以会有润润的感觉。但因为分子量较小，玻尿酸同样容易流失，所以必须配合封闭剂或者健全的皮肤屏障才更有效。

3. 防 晒

到底应该追求怎样的防晒极致

清洁、保湿、防晒是经典的"护肤三件套"，已深入人心，尤其是防晒得到越来越多的重视。无论是烈日下的马路上，还是通勤的地铁里，随处可见全副武装的"美女"。这是管理到位还是用力过猛？我们到底应该怎样科学防晒呢？

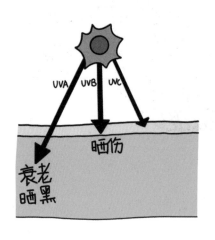

一、防晒的作用

首先要知道的关键问题之一是，防晒到底要防什么？与人类产生交集的紫外线主要是长波紫外线（UVA）和中波紫外线（UVB），因为另外一个小兄弟短波紫外线（UVC）几乎被臭氧层阻隔而无法到达地球表面，暂且忽略不计。UVB 的过度照射会造成日晒伤，表现为暴露部位的皮肤出现红斑、肿胀，严重的还可能会出水疱，伴有烧灼痛，即使及时止损，也会经历脱屑、色素沉着的过程；UVA 因波长最长而被称为"家族的老大"，老大自然有老大的威力，让我们避之不及的是它会加速皮肤衰老。你看常年顶着烈日劳作的人群，皮肤不但黝黑，更像干涸的田地般干燥、粗糙，

沟壑般布满皱纹，细小血管的扩张或增生更让皮肤黑中透红。农民、渔民、快递小哥、士兵、警察等由于职业特点，会比较容易出现上述问题，所以尤其要加强防晒。

其实，以上问题再严重，也仅仅是影响颜值，我们更在意的是它的致癌风险。因为不加任何防护的紫外线长期暴露，不但会导致免疫紊乱，还有可能诱发皮肤肿瘤，这些就绝对是影响身体健康的问题了。所以，医生强调的防晒是为健康着想，也是坚持防晒的意义所在。

二、防晒方法

请记住"ABC"原则。

A（avoid）：其实最简单，就是跟太阳捉迷藏。能躲尽量躲，非必要不接触，标准就是不跟紫外线直接接触。

B（block）：是指遮挡，其实谁都无法不接触阳光，那就要学会自己遮挡。无论是穿防晒衣、戴帽子或者打遮阳伞，都可以在一定程度上阻隔接受紫外线的辐射度。

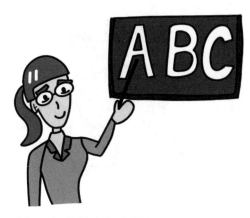

C（cream）：是指各种防晒产品，抛开遮挡不谈，防晒霜绝对是屏蔽紫外线的最贴身保护。

防晒产品可分为物理防晒剂和化学防晒剂。所谓物理防晒剂，就是利用紫外线屏蔽剂（如二氧化钛和氧化锌的超微细粉末）作为盾牌来把紫外线阻隔至角质层外，使其无法进入皮肤。物理防晒剂不被皮肤吸收，所以涂上去会非常显白；因为质地比较厚重，皮肤也会有不舒适的感觉；对于"痘痘"肌者，可能会加重爆痘现象。一般正常人群没必要去使用纯物理防晒剂，但对于皮肤容易过敏的人群，物理防晒剂就是"救命天使"，因为皮肤无法吸收，所以不会加重过敏。

化学防晒剂的作用是通过进入皮肤后吸收紫外线，从而阻止紫外线进

一步到达皮肤更深层。目前制备工艺非常成熟，所以对皮肤比较友好，更贴附、更自然，但与紫外线的结合过程可能会诱发刺激或过敏反应。因此，本身就是敏感肌的朋友需要慎重选择防晒产品或成分。目前市面上大部分防晒产品其实都属于混合型，也就是物理防晒剂与化学防晒剂打组合拳，区别就在于配比多少而已。

除了成分之外，我们在选择防晒产品时，还需要关注它的防护指标，即 UVA 防护等级（PA）、UVA 防护指标（PFA）及日光防护指标（SPF）。

PA 或 PFA 用于表示皮肤延长对 UVA 防护时间的能力。PA 通常用 +~++++ 来标示。PFA 值＝使用防晒化妆品防护皮肤的 MPPD 值 / 未保护皮肤的 MPPD 值。其中，MPPD 值为最小持续色素黑化量。当 PFA 值为 2~3 时，PA 为 +；PFA 值为 4~7 时，PA 为 ++；PFA 值为 8~15 时，PA 为 +++；PFA 值≥ 16 时，PA 为 ++++。

SPF 值是主要针对 UVB 的防晒系数，用具体数值来表示皮肤出现红斑时间的倍数。其数值越大，代表防晒时间越长，防护紫外线的效果越好。

由此可见，我们在选择防晒产品时，这两方面指标都应兼顾。值得注意的是，日常通勤时，我们可以选择防晒系数普通的产品，但如果外出游玩，则需要定时补充防晒产品的剂量，也得相应选择防晒系数更高的产品。如果是去海边游玩或是进行长时间的户外运动，则建议额外选择具有防水抗汗效果的产品。

三、晒伤的修复

皮肤在过度或不当的暴晒后，4~6 h 内会发红、发烫，产生刺痛，并逐渐感到皮肤干燥、脱水；随后 3~4 d 内会逐渐形成色素沉着，再之后可能会脱皮。

皮肤发红、发烫阶段是对晒后皮肤进行紧急修复的黄金时间。首先，我们应该尽快回到室内或阴凉处，彻底脱离紫外线暴露环境；其次，最需要的就是局部降温，除了环境凉快外，局部皮肤最好尽快做冷湿敷，可因地制宜地选择冷矿泉水、冰牛奶等。镇定抗炎，尽可能减少对皮肤屏障功能的破坏，降低紫外线诱导的活跃黑素细胞的功能，从而从源头上减少皮肤水分的丢失及晒后色斑或色素沉着的产生。

在感到皮肤干燥的阶段，我们要以补水保湿为主。这一阶段的皮肤水分大量蒸发，极度缺水，此时我们可以外用补水的面膜或保湿露，同时应多喝水，补充丢失的水分。由于此时的皮肤屏障非常脆弱，应尽量选择功效明确、成分简单的基础补水产品，不建议选择有其他功效成分的产品（如美白产品等）。

当进入色素沉着期，此时皮肤处于一个相对稳定的阶段，我们就可以适当地采取美白措施。可以使用一些含维生素 C、维生素 E 等美白成分的产品，减轻色素沉着及加快恢复，并继续防晒，做好补水保湿。

脱皮结痂期是最后一个阶段，此时要做的就是保护皮肤组织，加快修复。可以涂抹一些无乙醇（酒精）等刺激成分的乳液、霜等，促进痂皮软化。

虽然紫外线的危害不容忽视，但它对我们也有许多好处。科学、正确地晒太阳，会促进维生素 D 在皮肤内的合成，进而有利于身体对钙、磷等的吸收；还可以增强皮肤中免疫细胞的活性，提高免疫功能；阳光在调节人体生命节律及心理方面也有一定的作用；晒太阳还能促进人体血液循环、增强新陈代谢能力、调节中枢神经等。总之，晒太阳很舒服，有利于健康，但要学会科学晒太阳。

4. 美 白

白成一道光

俗话说："一白遮百丑。"因此，追求皮肤白皙到闪闪发光的程度是每个爱美女性的执念，但是皮肤科医生要给你泼点儿凉水。每个人皮肤的颜色由皮肤内的黑色素含量决定。

几乎晒不到太阳的部位，比如上臂或大腿内侧的颜色就是你用尽力气能够达到的美白"天花板"。再想白，只能依靠病理性疾病了，比如白癜风，那样你肯定不想。

不过也别灰心丧气，因为大部分人还是可以通过日常生活及医疗手段，在现有的基础上无限接近于"天花板"的肤色。但到底该怎样做呢？让我们来全面解析。

一、肤色形成的原理

皮肤之所以变黑，是由于各种原因（主要是紫外线照射）刺激表皮基底层的黑素细胞活跃，分泌过多的黑色素，进而源源不断地运送到角质形成细胞，导致皮肤颜色变黑。如果只有局部多了黑色素，那就会形成斑斑点点；如果均匀一致地多了黑色素，那你看上去就是整体增加了肤色的色号。既然黑色素是决定皮肤颜色的重要色基，想美白，就绕不过它这道坎。话说"擒贼先擒王"，首先我们得从源头抓起。黑色素形成的基本原材料是酪氨酸，它会在酪氨酸酶的催化及氧元素的氧化作用下不断合成黑色素，但这个过程仅仅在为数不多的黑素细胞内完成。只有当这些黑素颗粒被转运到周围众多的角质形成细胞，才会在皮肤上成色。你的肤色变化不大，是因为合成转运的过程与代谢过程基本平衡，也就是当黑素颗粒随着角质形成细胞来到角质层，会随着细胞的脱落一并消失。所以，只要我们抓住几个关键的转折点，美白这事儿就成了。

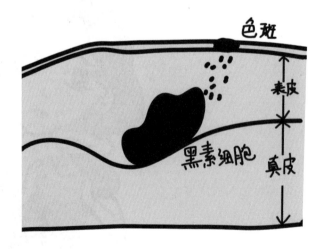

二、美白策略和方法

（一）尽量减少黑色素形成的诱因及原料

紫外线通过增强酪氨酸酶活性而增加黑色素合成。因此，防晒绝对是性价比最高的手段。防晒法则在上一节已详细解读，忘记了的请翻页回看，还有几个小窍门再反复强调一下。

（1）在没有紫外线的纯室内环境，不需要涂防晒霜；

（2）在室内可能受到紫外线照射的区域活动，比如靠窗区域，选择SPF 值 15 或 PA+ 以内的防晒霜即可；

（3）在阴天或树荫下的室外活动，选择 SPF 值 15~25 或 PA+~++ 的防晒霜；

（4）直接在阳光下活动，选择 SPF 值 30+ 或 PA++~+++ 的防晒霜；

（5）在高强度紫外线下活动，比如夏季或者到海边度假、做户外运动等情境，选择 SPF 值 50+ 或 PA++++ 的防晒霜；

（6）涉及出汗或水下工作的活动，尽量选择防水抗汗类的防晒霜；

（7）防晒霜（以化学防晒剂为主）需要在出门前 15~30 min 就涂抹，整个面部用量大约 1 元硬币大小。做室外活动的需要每 2 h 补涂 1 次。

在紫外线的影响下，皮肤细胞中会产生更多的氧自由基，从而增加黑色素产生。维生素 C 和维生素 E 作为抗氧化剂，能够清除氧自由基，从而降低酪氨酸酶的活性，减少黑色素的合成。氨甲环酸和熊果苷可以抑制酪氨酸酶的活性。所以，很多美白精华都会用到这几种成分。已经晒黑的皮肤基本上只能靠皮肤自身代谢，所以美白效果很慢。维生素 C 片磨成粉或者维生素 E 胶囊直接敷脸是无效的，因为我们的皮肤对水溶性的维生素 C 及其衍生物的吸收性差，只有在高浓度下才有效，但高浓度的抗氧化剂对皮肤刺激性极强，所以需要更高水平的制备工艺。氨甲环酸无论外用或口服均有效，但口服氨甲环酸可能会出现一些不良反应，一定要在医生指导下慎重使用。超过7%浓度的熊果苷具有光敏感性，护肤品中限量添加7%以下为安全范围。

（二）加速转运及去除已形成的黑色素

对于已经形成并被转运到角质形成细胞中的黑色素，处理起来相对简单，最常用的就是角质剥落剂，加速角质层的脱落来实现一定程度的美白。

这类成分包括维生素 A 酸软膏、果酸、水杨酸、烟酰胺等，平时的护肤品中所含的浓度较低，因此美白效果不会太明显。如果有更高的诉求，就需要到医院接受专业的治疗，比如化学剥脱术等，但不能轻易在家盲目尝试，以免造成严重后果。

除了加速转运，我们还可以通过更加简单的方法来去除已经形成的黑色素，尤其是局部过多堆积的黑色素。这类手段包括脉冲强光、激光、微针等。脉冲强光另外一个耳熟能详的名字是"光子嫩肤"，这是入门级的医疗美容项目。通过广谱的波长范围覆盖不同层次的色基，包括黑色素，对于以表浅色素增多为主的皮肤问题，效果很好，但需要按疗程治疗。性价比最高的点在于通过治疗，不仅皮肤变白了，还可以在一定程度上起到紧致肌肤、淡化细小皱纹、改善肤质、收缩毛孔的综合作用。我们皮肤科医生也都很喜欢，自己不做的很少。光子嫩肤的效果与操作者的技术经验及机器的参数都有关系，并不是越贵越好，也不是过程时长越长越好，当然也不能图便宜，找正规医院和有经验的医生最靠谱。此外，

皮秒、超皮秒等针对色素的激光项目也能有效去除明显的色斑，但价格要更贵些，应根据个人情况进行选择。

5. 延缓衰老

你可能不知道的："抗衰"新概念

当第一道皱纹爬上眼角，你是不是就开始担心衰老的问题了？怎样才

能有效延缓衰老？积极运动？地中海饮食？充足睡眠？使用昂贵的护肤品？还是做烧钱的医疗美容项目？其实在大自然的规律面前，任何挣扎都是徒劳的，我们所做的只是在一定程度上延缓衰老的速度，或者叫作"高质量地变老"。

作为医生还是得讲究科学，目前学术界公认的延缓衰老的相关因素包括：健康饮食、合理运动、控制压力、保证睡眠质量、防晒与科学管理。至于外用护肤或者其他层出不穷、花里胡哨的新概念，没多大意义。

美国哈佛大学基因学家萨巴蒂尼（David Sabatini）曾在顶级期刊 *Cell* 上发表了一项重大研究发现。他找到一个广泛存在于人体的叫作"*MTOR*"的"抗衰"基因，证明其与人体皮肤、肌肉、大脑包括毛发等关系非常密切。该基因的沉默则与衰老同步，活跃度越高的人在生理上越年轻。由此推测，如果这个基因能够被激活，是否它就可以在延缓衰老的路上升级打怪了呢？更不要说还能省下一大笔用于购买护肤品和做医疗美容项目的预算了，想想就很期待吧！

先别急，既然调节 *MTOR* 基因是延缓衰老的关键，那重点就要搞清楚 *MTOR* 基因的活性与哪些因素相关。

一、角质层与温度

地球人差不多都知道，健康的角质层具有强大的屏障功能，帮助我们抵御外界各种物理、化学、微生物等不良刺激，同时保护皮肤内的水分和营养物质不过分流失，以维持微生态稳定和酸碱平衡。但作为"锦衣卫"的这层屏障也绝不是越厚越好，过度增厚的角质层不但让皮肤看起来黯淡无光，还容易诱发粉刺，甚至爆痘。"去角质"这个概念在这点上特别深得人心。但凡事都有度，当去角质过度频繁时，虽然当时皮肤看起来光洁透亮，甚至真的如广告宣传的那样像剥了壳的鸡蛋，但新生细胞要补充转化成有屏障作用的角质层平均需要 28 d，这就意味着过度去角质工作等同于提前透支皮肤，让皮肤经常处于毫无保护、危机四伏的境地。久而久之，皮肤抗氧化能力及免疫功能降低，更容易被激惹，实际上是在加速衰老。除了不正确的护肤方式，长期应用具有去角质功效的洁面产品、含有高浓度酸类成分的护肤品等都会让角质层维持在菲薄的状态，而负责生命长度的端粒酶的分裂次数有限，想想看，你是不是在用暂时的美丽透支皮肤的"生命长度"。无论是治疗还是护肤，都要讲究科学，量力而行。

瑞士洛桑联邦理工学院与日本东京大学的学者发现低温有利于皮肤角质形成细胞培养物中的干细胞维持。可以通俗理解为：平时用冷水洗脸、

洗澡或者合理利用好空调，这种情境下，皮肤中的 *MTOR* 活性会增强，更利于肤质的良性代谢。反之，高温更容易破坏皮肤角质层与蛋白组织，加速皮肤老化。所以，冷水洗脸是有科学依据的，至于不分季节地洗冷水澡，则需要量力而行，但不提倡经常烫洗或蒸桑拿。

二、科学按摩

按摩是我们祖国医学的传统技艺，而现代科学研究证实，机械力能够刺激并增强 *MTOR* 基因组产生的信号反应与基因表达。所以，尽管人类已经进化到食物链的最顶端，但并不意味着有些东西就应该抛弃。这一点可以学学猫咪，在洗脸或休息时适度进行面部按摩，放松身体的同时还有助于延缓衰老。重点是安全、无成本，何乐而不为？但前提是得理解"科学按摩"的含义，绝不等于使劲儿搓脸。

三、适度控制饮食

我国语言博大精深，就说这个"适度"，这个"度"到底该怎样掌握？

不提倡像吃播博主那样的暴饮暴食，应该很好理解吧？但物极必反，如果盲目断食忌口以求保持年轻，可能会激活反噬系统，衰老得更快，得不偿失。在极端持续的低能耗状态下，自噬系统会加大功率运转，开始吞噬包括脂肪细胞在内的健康细胞、蛋白质及水。可以理解为持续极端的饥饿等同于自己吃自己、自己喝自己，脂肪被吃完，就吃肌肉，而衰老也就在这个过程加速了。老祖宗有句话叫"吃饭八分饱"，不无道理。

四、优质蛋白质

无论你是不是素食主义者，素食确实在这些年很流行，尤其是年轻人，顿顿轻食，每天"吃草"。这种貌似健康的饮食习惯其实暗藏健康隐患。动物蛋白的很多优势是植物蛋白缺少或无法代替的，尤其是含维生素 B_{12} 及铁、锌等微量元素。举个例子，大力水手最喜欢的菠菜富含铁，却是以不易被人体吸收的血红素形式存在，根本无法与瘦肉及动物肝脏中的铁相比。科学家证明，要想美得健康，优质蛋白质必不可少，尤其是富含支链氨基酸（亮氨酸、异亮氨酸及缬氨酸）的蛋白质，可以通过 *MTOR* 基因调节细胞代谢，让你越吃越健康年轻。

这些食物包括瘦肉类、鱼类、家禽、奶制品、豆类、坚果等，都富含优质蛋白质。

此外，研究显示 *MTOR* 对碳水化合物也具有一定敏感性。也就是说，你们避之不及的馒头、米饭，能促使其更活跃。所以，绝对拒绝碳水化合物，从理论上讲也不推荐，可以适当调整摄入比例。

以上是影响衰老直接相关的 *MTOR* 基因的关键因素，想尽可能保持年轻，记得在生活中时刻提醒自己，如何鼓励 *MTOR* 基因为你效劳。

第二章　眼周保养之体会

1. 黑眼圈

睡多久才能把黑眼圈睡没

"内卷"时代的口号是：觉可以不睡，夜无法不熬。但与熬夜如影随形的问题也接踵而来，其中最明显的就是黑眼圈。因此，有了"涂最贵的眼霜，熬最深的夜"的说法。

一、临床类型自测

黑眼圈让你看起来像大熊猫，形成的原因却并非如单纯熬夜那么简单。在医生眼里，黑眼圈可以分为色素型、血管型、结构阴影型及复合型4种类型。你的"熊猫眼"属于哪一种？赶紧照着镜子仔细分辨一下。

首先看颜色。色素型黑眼圈呈现深褐色；血管型黑眼圈更深，所以偏深青色；结构阴影型黑眼圈主要由于眼窝凹陷，所以表现为更加典型的阴影黑。

其次看皮肤形态。如果下眼睑皮肤松弛、皱纹多，或者还有泪沟、眼袋等问题，表现为各种凹凸不平的褶子叠加后导致的颜色暗沉，多半是结构阴影型黑眼圈。反之，如果眼周皮肤光滑紧致，单纯的颜色变化则属于另外两种。

再次可以动动手。用一根手指将眼睛下面的皮肤轻轻下拉，另一根手指顺势将周围皮肤压紧，颜色依旧如初般等黑是色素型黑眼圈为主，颜色变淡则是偏血管型黑眼圈。

复合型黑眼圈就是两种或两种以上的叠加。以上只是一个简单的自测，用于初步判断，有益于提高警惕，因为有些类型可以通过积极改善生活方式得到缓解。

二、处理方法

血管型黑眼圈的主要成因是眼周血液淤积，多半与熬夜晚睡等因素伴随的代谢紊乱相关。如果及早发现，并保持作息规律、早睡早起、少熬或不熬夜，配合局部热敷、适度按摩等，都可以加快代谢，进而缓解症状。长期坚持使用含有维生素 K、咖啡因等成分的眼霜，也能有所帮助。

但有些类型比较执拗，形成也就形成了，再醒悟，也只能在目前基础上进行治疗，睡再多的觉都无济于事。色素型黑眼圈的形成是因为眼周色素沉着，要想解决，就要通过光电类项目的帮助，将堆积的色素打碎排出，但也不是那么容易或者万事大吉的。还是要做好眼周防晒，出门记得戴墨镜、涂防晒霜。眼霜的选择要偏向美白成分，比如维生素 C、传明酸、烟酰胺等，注意高浓度带来的刺激性。总之，长期坚持，就是胜利。

如果你的黑眼圈是结构阴影型，就有点难办了，大多数结构阴影型黑眼圈源于皮肤老化。大家都知道，衰老不可逆，非常严重的肯定要通过手

术方法来解决。如果是刚刚开始出现眼周细纹，我们可以选择含有多肽、维生素 A 等成分的眼霜来对抗细纹，及早预防，早治早好。

现在，大家对黑眼圈已经有大致概念，下次再遇到黑眼圈的困扰，可别只想着睡觉，根据类型对号入座，才能更加有效。

2. 眼　袋

好看皮囊千篇一律，显老眼袋各有不同

眼睛是心灵的窗户，而眼袋就像无端地给落地窗加了个窗台，不仅显得突兀难看，还特别显老。

一、成因

眼袋的形成与多种因素相关，最重要的因素是年龄，因为随着衰老的缓慢进展，皮肤弹性和肌肤组织的紧致度随之减弱。眼周皮肤最薄，支撑力也相对较低。同时，眼部肌肉的运动量大，平均每天要眨眼 1 万次，非常容易老化松弛。年龄伴随的身体新陈代谢率逐渐减缓，皮肤组织中的胶原蛋白和弹性纤维快速流失，让本不富裕的眼周皮肤雪上加霜。另外，局部脂肪缓慢淤积、重力作用等致使下眼睑皮肤松弛、下垂，眶隔脂肪膨出，形成眼袋。如果你有家族遗传的问题，眼袋大概率会出现得早且更明显。当然了，不良的生活习惯，包括长时间熬夜、睡眠不足、饮食结构不合理、盐分摄入过多等，都是眼袋成长路上的催化剂。

二、类型

眼袋各有不同，这个心灵的窗台在医学上可以分为脂肪型、松弛型、水肿型、泪沟型及混合型5种。

脂肪型眼袋，顾名思义，肯定主要是脂肪惹的祸。没错，这种类型就是由眶隔脂肪堆积膨隆导致的，主要由于脂肪先天性或遗传性过度发育，跟胖或瘦关系不大。瘦子一样会有眼袋问题，一味地减肥，对改善眼袋并没有任何作用。

松弛型眼袋又被称为衰老型眼袋，是眼部周围筋膜组织提前老化，进而导致眼球松弛下垂，眼球下脂肪凸出。这种类型会给人总是无精打采、很沮丧的感觉，而且特别显老。

水肿型眼袋大部分属于假性眼袋。如果睡前大量喝水，第二天早上起床时会发现下眼睑明显浮肿，像金鱼的泡泡眼一样，而一旦体内的水分代谢掉，就会基本恢复正常。这种类型的眼袋是你唯一能够主动掌控的，临睡前别喝太多水！

泪沟型眼袋主要是在脂肪层下垂和肌肉层松弛共同作用下逐渐形成的，与衰老有一定的平行关系。

混合型眼袋则是以上类型的随意混搭。

三、防治

其实当我们逐渐走向衰老，眼袋也是皮肤衰老的一个重要表现。说白了，到了一定年龄，多多少少都会有眼袋问题，只是程度不同而已，或者

出现的时间有早晚差别。关键是如何预防
或者有效地尽早干预治疗。建议根据具体
分型和成因,采取针对性的科学护理方法,
帮助缓解和改善问题。

1. 调整生活习惯

养成良好的生活习惯,保持充足的睡
眠、避免长时间熬夜、合理饮食、减少盐
分摄入。这些都做到了,确实有助于减轻眼袋问题。

2. 眼部护理

眼周护肤品成分选择放在保湿和抗氧化两个点上就对了,重点是坚持。
辅助性地轻轻按摩,可以在一定程度上加快血液循环,促进代谢。

3. 热敷和冷敷

局部进行适度的交替性的热敷和冷敷,也有助于促进血液循环,缓解
眼袋问题。但要注意温度、时长、频率,避免过犹不及。

4. 手术

对于严重的眼袋问题,手术是终极解决
方案。无论是内路眶隔释放法还是外路眶隔
释放法,毕竟都是有创操作,需要找到经验
丰富的医生操作才安全可靠。

眼袋问题虽然让人感到困扰,却可以在
生活中通过科学的护理方法进行积极有效的
预防。即使出现了,我们也有办法解决。只
要有必要,这个窗台随时都能撤下来,让心
灵的窗户更干净、明亮。

3. 眼皮松弛

窗户好看窗帘配，眼睑延缓衰老少不了

　　如果说眼袋像是心灵的窗户下影响颜值的窗台，那眼皮就是给窗户颜值加分的窗帘。"窗帘"的作用很重要，装得太紧不能很好地起到保护眼睛的作用，而装得太松了，以至于遮住窗户，也是一个大问题。因为眼睑皮肤是全身上下最薄的部位，相对松弛、柔软，所以最容易出现衰老的征象，就是显得松松垮垮，让整个人看起来没精神，十分显老。

一、原因

　　导致眼皮松弛的原因复杂，总结起来与以下因素相关，你可以对照自己的情况初步判断属于哪一种。

　　（1）先天性原因：皮肤弹性纤维发育异常。

　　（2）神经性疾病：比如颅内动眼神经核病变、动眼神经麻痹、交感神经病变等，会直接导致眼睑肌肉松弛或下垂。

　　（3）眼睑皮肤炎症：反复的炎症会引起皮肤胶原异常，使皮肤增厚

变硬，甚至呈苔藓样变。远远看上去，眼皮很肥厚，皮纹明显。

（4）不良习惯：比如经常粘双眼皮贴或者粘假睫毛，眼皮被反复牵拉，就像一根弹簧或者橡皮筋在承受长期拉力之后弹性会下降的道理一样，久而久之，眼皮就容易松弛。

（5）年龄：这点最常见，也最悲哀，因为谁都逃不过衰老。皮肤的含水量和胶原纤维含量会随着年龄增长而逐渐下降，眼周皮肤本是最薄的部位，更容易中招。另外，无法完全避免的紫外线照射更会诱发光老化，使眼皮松弛的问题雪上加霜。

二、防治

眼皮松弛的最初阶段通常不易察觉，也许仅仅是拍照后看照片，才觉得自己喊"茄子"时的表情有明显的眼周褶皱。这个阶段其实就可以开始尝试干预了，记住，越早干预，效果越好。平时注重眼周皮肤的保湿，养成规律的生活作息，减少对眼周皮肤的摩擦和拉扯，避免频繁揉眼等动作。如果有条件，定期接受射频治疗，会让防治效果加倍。非侵入性的射频能

量通过温和地加热皮肤组织，激活胶原蛋白的再生，能够在一定程度上紧致皮肤，有效改善眼周细纹，但也需要长期维持。

如果过了 40 岁，眼皮松弛已经无法阻挡地出现，除了前面提到的护理和治疗方法外，还可以考虑注射透明质酸、胶原蛋白或自体脂肪等来填补松弛的眼部组织，提升皮肤的紧致度和弹性。但不得不说，填充治疗只是一种治标不治本的暂时性方法，持续时间会由于使用的填充物类型、个体代谢及生活习惯等因素而有所差异，数月至 1 年不等，而效果也会因个人情况而异，请谨慎选择。

如果眼皮松弛已经严重到出现"三角眼"或遮挡视线的地步，就不单单是美观问题了。这种情况下，会导致睫毛直接接触眼球，引起明显的异物感。长久刺激，会诱发角膜炎、视力下降，部分人还会因此而并发头痛、眼痛等不适。最直接的方法是选择手术，切除部分多余的皮肤组织，以恢复正常的眼睑外观和功能。

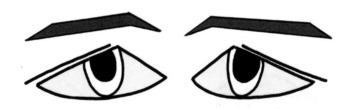

手术方式很多，包括重睑切口、眉下缘切口、眉上缘切口、切眉切口、睑缘切口等，光听名字就已经让人云里雾里的。所以听从专业医生的判断，根据眼皮条件和松弛部位的不同，做单选或多选。对于同时伴有下睑眼袋或颞部凹陷的情况，还可以"一箭多雕"，与手术联合。总之，涉及美容的问题，要遵循科学、有效、安全的原则，不可冒进，也无须太过担心。前提是找到与你审美一致的、有经验的专业医生，并且你自己能够理性接受手术后可能出现的暂时性眼周淤青、水肿及瘢痕等现象。

衰老是每个人都要经历的一个自然过程。眼皮就像是眼睛的窗帘，窗帘用旧了可以换，但眼皮无法更换，只能在一定程度上改善。相较于外表，积极健康的心态和丰富的内心，才是保持美丽的关键。

4. 眼周皱纹

如何让爱笑的你对眼周皱纹说"不"

都说爱笑的人运气不会差，但运气好了，皱纹却多了，尤其是眼周皱纹，直接让年龄加倍。如何在保持微笑的同时，还能保持年轻呢？

一、分类

皱纹有静态纹和动态纹之分。其中，静态纹的产生就像是久无甘霖的土地，由于干燥或是岁月伴随的水分及胶原蛋白逐渐流失，皮肤变得凹凸不平，视觉上就会显现细纹、干纹，甚至沟壑明显的皱纹。而面部的任何表情都与相应的肌肉收缩联动，一定会伴随皮肤褶皱，这就是所谓的动态纹。如果日复一日频繁地做同样的表情动作，动态纹就会转变为静态纹，

即使面无表情、冷若冰霜，皱纹依旧在。就像一张纸，反复折叠揉搓后就会形成难以抚平的折痕。无论是静态纹还是动态纹，眼周都是重灾区。这里的皮肤先天性菲薄是硬伤，眼睛又是表情动作最丰富的器官，喜怒哀乐，包括眨眼动作都时刻牵动着眼周肌肉，怎么可能没有皱纹呢？

二、防治

皱纹的形成基本是一个不可逆的过程，只会慢慢地变深加重。虽然它代表着岁月的沉淀，但没人会真心喜欢皱纹。我们该怎样积极地去改善或预防呢？

无论是否治疗，防患于未然总没错，所以平时要有针对性地避免皱纹形成的诱发因素。比如静态纹的主要成因是干燥及光老化，那在日常护肤时就要格外加强眼周皮肤的保湿，呵护屏障功能。虽然酸类成分可以对抗干燥和老化，但由于刺激性较强，而眼周皮肤先天性薄弱，你就要做出取舍，尝试适合自己的浓度，否则"丢了西瓜拣芝麻"，实在是得不偿失。眼部是紫外线直射的部位，大家对面部防晒的意识很强，都记得涂防晒产

品或者佩戴口罩。但口罩无法遮挡眼周，而在涂抹防晒霜的时候可能也会顾不到眼周的所有范围，选择一副既能给颜值加分，又能防晒的墨镜，不失为上上策，除了能保护眼周肌肤不被过度的紫外线摧残，还能保护眼睛。要知道，紫外线对眼睛的伤害不容小觑。

　　对于动态纹的预防就简单多了，一个原则是避免大幅度的表情运动。但谁又能做得到呢？估计没人能做到像小龙女一样清心寡欲，喜怒哀乐不形于色。"人生得意须尽欢"，生活就应该快意恩仇。不用急，皮肤科医生最拿手的就是对付动态纹，通过肉毒素注射，轻松解决。

　　肉毒素可是个好东西，作为一种神经毒素，通过抑制局部神经肌肉接头处的递质——乙酰胆碱的释放，阻断命令肌肉运动的信号传导。也就意味着，这块肌肉失去自主运动的能力。但也别过于担心，这种抑制作用不是永久性的，一般持续半年左右，药物逐渐失效后就会恢复如初。就像喝醉了，总有清醒过来的那一刻，只是下次再喝还会醉。所以同理，当皱纹

又重出江湖的时候，还可以通过重复注射来使其再次被抑制，仍然有效。很多人也会担心失去表情后的僵硬问题。放心，在有经验的医生手下，我们会做出个性化的平衡，让你既不会完全丧失做表情的能力，又能够通过一定程度的抑制作用，表达情绪时没有过多皱纹的羁绊。这个度，一定会让你觉得注射费和药费物超所值。

肉毒素是动态纹的"克星"，但对已经形成的静态纹却束手无策、无能为力。该如何破解？慌什么，皮肤科医生就是哆啦A梦，有各种各样的武器，有太多的医疗美容手段可供选择，比如点阵激光、等离子束、微针射频等。作用机制基本都是通过一定的光电或射频能量刺激皮下胶原蛋白的新生与重构，重建局部皮肤的支撑力，对于改善细纹有明显的帮助。如果静态纹已经形成沟壑，看上去很深很明显了，那只有玻尿酸、胶原蛋白及自体纳米脂肪等的填充才能救你于危难。这不仅是直接把有缺失的凹陷处填平，达到视觉上的改善，同时能通过刺激自体胶原蛋白的新生，延长维持效果。

你看，有如此多且有效的手段加持，还担心什么眼周皱纹呢？别太容貌焦虑，放声大笑，过恣意人生吧。

第三章 手足呵护之心得

1. 手足湿疹

呵护你的第二张脸

季节对皮肤有影响，人人都能理解，到了秋冬，皮肤就会因为失水量增多而变得干燥。那你知道不同部位的皮肤也有很大差别吗？你觉得最容易干燥的部位是哪里？眼皮？有道理，说明前几个章节你都认真看了，毕竟这是全身皮肤最薄的部位。可是你想不到的是，每天都要用到的手在干燥排行榜上是绝对的"榜一大哥"，而干燥仅仅是手部皮肤受季节所累的冰山一角。双手每天劳作、被频繁清洗，必然会主动或被动地接触多种物质和刺激，由此带来的除了干燥、起皮，还可能会诱发湿疹等一系列问题。都说"手是我们的第二张脸"，该怎样温柔地呵护它呢？

一、临床表现

先说说严重性，手部的湿疹通常会表现为手部皮肤上的红斑、丘疱疹、脱屑，伴有剧烈瘙痒。急性期以红斑、水疱、糜烂、渗液为主，瘙痒更明

显；慢性期则表现为暗红斑、皮肤肥厚、苔藓样变、脱屑、皲裂等，除了瘙痒，还会伴有一定程度的疼痛。无论哪种症状都会影响正常生活、社交、就业，更易出现由此造成的睡眠障碍及情绪障碍。想想看，一摸上去湿哒哒或者粗糙无比，连最正常的握手动作都羞于伸出，会多么影响自信心。所以，是病，就得治！

二、影响因素

既然是病，那总有原因，但遗憾的是，手部湿疹的确切病因真的不清楚，可能与遗传、免疫系统异常、环境等因素都有千丝万缕的关系。如果按照分类的话，最多见的就是以下一些生活中的元素，你可以按照自己的习惯和场景，自动对号入座。

（1）常见接触致敏物：金属制品、天然橡胶、芳香剂等。这些物质伪装性足够高，比如你觉得做家务时戴乳胶手套就能保护皮肤，但也许这手套恰恰就是你湿疹反复不愈的元凶。

（2）常见接触刺激物：酸、碱、有机溶剂等强刺激物，或水、肥皂、洗涤剂、机油、印刷品等弱刺激物。这些物质在生活中太常见，且很难避免，我们唯有找到针对性的诱发因素，并尽可能减少接触。

（3）常见机械性刺激：外伤、搔抓、长期摩擦等。这点注意，你平

时的抓挠等动作或者拎重物、敲键盘等都可能是诱发或加重湿疹的坏习惯。

除了以上外因，内在的遗传体质、特应性体质、精神情绪、激素水平，以及免疫状态等因素，则决定了你是否有易感性。在同样的环境下，为什么偏偏就你发病？你得从自己身上深挖原因。

手部湿疹的发病率挺高，自然人群每 100 人中至少有 1 人发病，且多为慢性、持续性过程，让人苦不堪言，不胜其扰。一些特殊职业或习惯的人群更是高危，包括长期接触机械润滑油或者是接触一些有机溶剂和化学品的工人，工作中反复频繁洗手、使用消毒灭菌剂的医护人员，整天家务连轴转的家庭主妇，还有一直要接触洗发水、染发烫发剂的理发师。除非辞职，否则，真的很难改善。

三、防治

改善并避免诱因，得靠自己力所能及的努力，尽量去积极寻找自己发病的诱发因素，并回避，这非常重要。比如大部分人都会想到戴手套进行保护，想当然地认为只要不接触化学性物质，就能有效预防。思路是对的，但前提是你对手套的材质不过敏。另外，戴手套时间不宜过长，否则手部出汗，会使局部形成一个密闭的环境，反而更容易过敏。长时间戴手套者，可以在里面加戴一层棉质手套，有益于汗液的吸收，减少刺激。

频繁过度地洗手，包括无节制地使用手部消毒液，容易造成手部皮肤屏障破坏，加重湿疹症状。建议大家学会科学洗手，并尽量选择温和的弱酸性洗手液，不选择清洁力极强的碱性洗手液、肥皂水或者消毒液。如非必要，用清水冲洗足矣。还有个事儿想提醒大家，记得每次洗手后都要有效保湿，清洁即刻就涂抹自己喜欢的护手霜，多多益善，次数上不封顶。睡前可以厚涂，严重的甚至可以采用封包的方法，就是涂抹后再包上一层保鲜膜，保湿的同时修复皮肤屏障。至于为什么选择标准是以自己喜欢的，

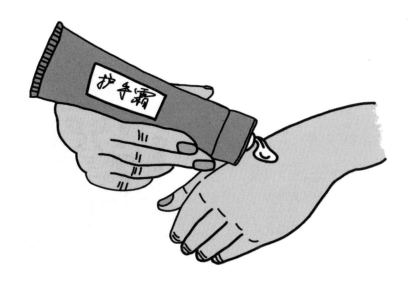

纯粹因为只有自己喜欢，才能想起来用而已，但前提是保湿能力优秀。

对于特别严重的湿疹，一定要药物干预治疗，具体的治疗方案要听从专业皮肤科医生的建议，包括有些药物虽然有效，但也不是无限地用下去，或者一有好转就能马上停药，不正规的治疗最容易前功尽弃。很多人喜欢到药店随便买点儿药膏乱涂，或者网购所谓的祖传秘方偏方，连成分不清楚的东西居然都敢用，效果不好也就罢了，还有很大风险会造成病情加重，甚至出现不良反应。正确的态度是：遵医嘱，纠习惯，重护理。

像呵护你的脸一样善待你的手，毕竟它是你的第二张脸。

2. 跖疣鸡眼

第二张脸都照顾到了，还差一双脚吗

门诊上经常会有患者说脚上长了个鸡眼，问医生咋办。通常我们会坚持让他（她）把鞋子、袜子都脱掉，暴露皮损部位，看清楚到底是不是真的鸡眼。结果基本上是 3 种：①确实是鸡眼，但发生率比较低；②发生最多的是跖疣；③还有另外一种可能，也许是脚气、也许是湿疹、也许啥都不是。

很多人存在这样一个认知误区，觉得长在脚底儿的硬疙瘩非鸡眼莫属，真不知道鸡眼为啥会认知度这么高，猜想是不是跟以前一度在电线杆上的"修脚"广告有关？

鸡眼的发病原因纯粹是物理摩擦挤压，所以经常发生在穿不合适的鞋子，尤其是穿高跟鞋的女性，以及走路或运动过多的人身上。骨性结构的位置长期被外力刺激后，会长出一个坚硬的角栓，仔细看，会发现中间有黄色的"芯"，由均匀一致的角质构成，与周围软组织形成一个大圈套小圈的形状，特别像眼睛的外观，所以"鸡眼"的名字就是这么来的。由于这个角栓的"芯"会逐渐增大，而且会随着挤压，一直向深部生长，当达到神经丰富的真皮及以下组织时，就会产生疼痛，有时痛到无法走路。

经常被误认为是鸡眼的跖疣则是另外不同的性质，本质是由谈之色变的人乳头瘤病毒（HPV）感染导致的。病毒可以感染任何部位，皮肤表面的感染通常长得像个菜花，但在足底或者侧缘等位置会因为一直受体重及鞋子的压力，没机会向外生长，只能反其道向内生长。于是我们看到其表面并没有典型的疣状凸起，仅仅是粗糙，并失去正常皮纹而已。如果这还不足以诊断，那可以借助一个小刀片将其表面稍微削平（别怕，不疼），

这时候如果能看到一个个若隐若现的小黑点儿，那就基本确定是跖疣。这些小黑点儿其实是病毒侵犯到血管引起的凝固出血。另外，病毒感染会传播，你如果因为忙或未在意而没有及时处理，过一段时间，会发现这些硬硬的小东西一个变俩，再变四个，逐渐增多；而且随着疣体增大并不断压迫到皮下，也会引起疼痛。好多人就是因为痛了才来看病，这时往往已经有很多疣体存在，为时已晚（意思是治疗起来有难度，需要花更多时间，但还是有办法）。

对这两个都容易长在脚底儿，且长相相似的东西，我们来总结一下二者的区别。

（1）数数量：鸡眼由摩擦引起，多单发，很少超过 3 个。跖疣有传染性，常多发，大小不一。

（2）看部位：鸡眼发生于易受挤压和摩擦的部位（脚趾间、外侧），以及足背和足跟；而跖疣在足部任何部位都可以出现，当然也会出现在足

部以外的任何部位。

（3）瞧长相：跖疣表面粗糙，几乎看不到皮纹；鸡眼则表面光滑，可以看到正常皮纹。

（4）数黑点：跖疣表面常见由于出血引起的小黑点，鸡眼肯定没有。

（5）比症状：一般鸡眼疼痛明显；跖疣早期基本没有疼痛，疣体增大后的疼痛感也相对较轻。

鸡眼该怎么处理合适？其实预防就是最好的治疗。有些早期的鸡眼仅仅通过日常习惯的改善就能逐渐自愈，包括穿宽松合适的鞋子，垫软的鞋垫。高跟鞋虽好，但也别一直穿，避免长时间站立和长时间行走。如果有神经系统失调、糖尿病、体重超标等基础疾病，要积极治疗。

有效的药物以角质剥脱剂为主，比如40%水杨酸、40%尿素乳膏、12%乳酸乳膏等，必要时可做封包处理，由于浓度很高，需要在医生的建议和指导下使用。别随便找个街边的修脚摊尝试所谓的"治疗"，也许修脚师傅的技术不错，能缓解鸡眼带来的疼痛，但能否治好却没保证，还可能存在感染风险。

跖疣也有一定的自愈性，但自愈率低，别抱太大希望，一旦发现了，一定要早期正规治疗。可选择的方法很多，冷冻、激光、手术、光动力等。性价比最高的是液氮冷冻，优点在于便宜、无创，以及不影响正常工作、生活（除非治疗后起水疱）。但其缺点也很突出，就是需要反复多次，根据疣体的大小和深度，需要时间上配合坚持。大部分跖疣的部位不推荐激光或手术治疗，创伤太大。外用药物也是一种选择，基本以腐蚀性或抗病毒药物为主，但建议作为二线辅助。原因在于脚底儿的角质层太厚，一般药物很难渗透，可想而知其药效了。千万别迷信祖传秘方，除了耽误时间，还可能搞得一塌糊涂。对于病毒感染，我们能做的是清除肉眼可见的疣体，但不能保证完全清除病毒或者再感染，所以跖疣的治疗周期通常比较长。这一点希望你能理解，并积极配合，提高自己的免疫力，增强抗病毒能力，打赢这场"攻坚战"，呵护同样美丽的足。

3. 进行性掌指角皮症

家庭主妇要警惕"家庭主妇手"

临床上，大部分皮肤科疾病的名字都还算通俗，比如手癣一听就知道是手上长癣，同理，足癣就是癣长在脚上，但有一个常见病异常通俗，甚至有点儿给自己下套的程度，那就是"家庭主妇手"。这个病名最初是由一位日本教授提出，他发现很多日本全职主妇都会出现手部相似的皮疹，故而命名。不过作为疾病真正的学名也有，它也叫作进行性掌指角皮症，由于该名字拗口又难记，反倒不如"家庭主妇手"更通俗易懂，所以后者被广泛接纳，流传下来。

一、临床表现

想知道"家庭主妇手"典型的表现，先要总结一下这类患者群体都有什么共同特征。没错，日本的全职太太出了名地爱干净，每天的工作内容就是清洁、整理内务，不可避免地跟一众化学制剂打交道，比如洗洁精、

洗衣液、肥皂、洗手液等。这些物质多以（强）碱性物质为主，对于弱酸性皮肤有非常强的刺激伤害。做家务免不了洗洗涮涮，经常泡水，久而久之，手部的皮肤屏障长期处于脆弱状态，容易诱发局部湿疹样的症状。具体表现为手掌屈侧，以及掌面前端部分皮肤干燥、起皱，颜色呈淡红色，伴有细小、玻璃碎屑样的浅表裂纹和角化性鳞屑，严重的可能还会出现指头末端变细、疼痛，甚至活动受限。其实这种情况不仅发生在家庭主妇人群，很多有类似特点职业或习惯的人群也都容易中招，比如新型冠状病毒肆虐期间，很多医务人员长时间戴橡胶手套，平时又重视消毒，便频繁地使用乙醇类清洁剂，久之导致手掌、手背出现红斑、丘疹、水疱等。

二、防治

发病的根本原因就是长期、频繁接受化学物质的刺激，导致手部皮肤屏障受损。因此，积极、有效地修复皮肤屏障功能是治疗的基础。生活中可以从以下几方面入手。

（1）正确合理地使用手套：如果你每天都不得已要接触刺激性物质，那就给自己选择一副防护手套吧。除了材质安全、无刺激，更要注意使用细节，别以为戴了手套就进了保险箱，应尽可能缩短持续佩戴时间，并保持使用期间的内部干燥。

（2）避免使用强碱性清洁剂：尽量选择性质温和且对皮肤刺激性小的清洁剂，比如含甘油的或低浓度乙醇类消毒剂，相较于肥皂，刺激性更小。说实话，也不建议非得选择号称"护手型"的洗手液。任何"安全"都不绝对，少用或不用，永远更安全。

（3）清洁后及时保湿很重要：及时涂抹保湿剂，有助于改善皮肤角质层的水合状态，帮助修复屏障。但记住，保湿剂也不一定完全安全，应尽量选择不含芳香剂和防腐剂而富含脂类和神经酰胺的保湿剂，白天不限次数地均匀涂满双手，尤其重视指尖、指缝这些容易忽略的位置。

其实以上种种，总结下来就是少做家务、少干活。此外，干燥、寒冷的季节，包括月经期要做好保暖。以上都能做到的话，其实大部分轻中度的症状都会逐渐自行消失。但在现实生活中，确实也很难做到以上特别严格的隔绝诱因，如果反复发作或者给生活带来困扰，还是需要选择药物干预。

糖皮质激素绝对是外用药的一线首选。激素是好药，千万别有抗拒心理，关键看何时用、如何用。按医生的指导，正确合理地应用激素，是非常安全的。可以根据症状严重程度，选择效价和强度适合的制剂按需使用，特别严重的，可能需要短期口服药辅助。具体还是那句话：来医院面诊，忌自说自话。

爱自己，爱生活，呵护好双手，才能更好地享受生活。

4. 甲周倒刺

手上长倒刺怎么办

双手需要细心呵护，前面细数了一些手部常见的皮肤病，但还有一个你可能觉得算不上病的问题，也会让人相当困扰。尤其是在秋冬季节，指甲周围干燥、起皮，不但看起来难看，摸起来粗糙，还容易触碰后出血、疼痛。该怎么办？

一、成因

其实这个你觉得不是病的问题，在医生眼中还是一种病，它的学名叫作甲周倒刺。很多人都认为长倒刺可能是因为缺乏维生素、锌、钙等营养素，可即使补充了大量维生素或者服用钙片，该长的还是在长。其实以上可能只是你的一种误解或一厢情愿，长倒刺与缺乏维生素毫不相干，而始作俑者就是你忽略的皮肤干燥。虽然手掌皮肤的角质层很厚、很坚固，但甲周部位很薄，特别容易因过于干燥而发生分离。你回想一下，倒刺是不是更容易出现在做精细工作时、进行球类体育活动中或者徒手洗衣服之后呢？那就没错了，这些过多的手部动作包括其间接触到的各种刺激，会直接造成皮肤干燥，继而出现倒刺。

二、防治

倒刺太常见了，你是不是曾经尝试剪掉它？正所谓"剪不断，理还乱"，那么咬掉呢？又好似"野火烧不尽，春风吹又生"。那么，到底该如何科学处理手上的倒刺呢？教你一些生活小妙招。

准备好一小盆温水，有条件的可以加入适量鲜奶和橄榄油。将有倒刺的手指放进去浸泡 15~20 min，泡软后，用指甲钳小心地从倒刺根部逐步修剪平整至圆润。为了防止感染，最好先用乙醇给手指及指甲刀消毒，处理结束后，别忘记再涂抹一层护手霜。如果晚上操作，可以厚涂好护手霜，再戴上乳胶或塑料手套，为手部保温、保湿，促进皮肤更好地吸收。这个步骤适合早期还没有明显红肿、疼痛的阶段。

如果倒刺已经存在日久，且根部周围皮肤已经出现发红、肿胀，伴有疼痛等感染症状，可以尝试自己涂抹抗生素软膏，并小心保护伤口，必要时，用纱布或创可贴保护，避免再次刺激。用药1~2 d仍无好转，则需要赶紧去医院处理了。毕竟局部感染很容易扩散，诱发甲周炎，甚至引起更严重的问题，越早治疗越好。

问题来了，谁都不想长倒刺，那可以预防吗？当然可以！日常生活中，我们可以注重以下细节来有效预防倒刺。

（1）经常做家务时，可以戴橡胶手套来保护手部皮肤，减少洗洁精、清洁剂等带来的刺激，保护手部皮肤屏障功能。

（2）养成洗手后及时涂抹护手霜的习惯。现在很多公共场所的洗手间除了提供洗手液，还会配备润肤剂，提醒你时刻记得保护双手。

（3）避免经常使用指甲油、洗甲水等产品。这些有强烈刺激性的化学品会加剧指甲附近皮肤的干燥，引发倒刺。有时候美丽的代价可能是牺牲美丽，甚至健康。

另外，倒刺的发生基础是皮肤干燥，所以脱皮往往相伴出现。这与气候也有关系，秋冬季节的空气中弥漫着干燥的味道，即使在室内，也有空调暖气带来的人为性燥热，更需要你给予皮肤额外的滋润。有些人情况严重，可能与B族维生素缺乏有关，均衡饮食或短期额外补充会有一定帮助。还有些复杂的情况，则需要医生帮你解决，比如伴有皮肤病，本身干燥、脱屑、起皮，倒刺可能就是伴随症状。那就需要在对症治疗的同时，从源头上解决问题，这不是单纯的保湿所能及的了。

这个冬天，跟倒刺挥手说"拜拜"。

第四章　躲避误区之经验

1. 红斑

掀起你的盖头来，让我看看你的脸

又红又圆的脸蛋儿看起来很可爱，但未必都好看或正常，尤其是不想红的时候突然发红，或者持续不退，又或者一块儿红、一块儿不红，岂止是不可爱，还是让你羞于见人的难看！谁都不想要关公一样的大红脸，尤其是伴有瘙痒、起皮，更加影响健康和心情。那这种情况到底是什么原因引起的呢？

一、生理性因素

皮肤的颜色是由色素基团决定的，一种是黑色素，另外一种是血红蛋白。前者的含量决定了我们皮肤多黑或多白；而后者在血管内，掌控着皮肤的红润程度，影响因素包括血管的数量、粗细、深浅、分布，以及舒缩功能是否正常。这里主要针对脸红讲述，黑不黑就暂不表述了。举个例子，大家就明白了。夏天气温高或剧烈运动后，血管瞬间大量扩张，血流加速，因此皮肤是红色的，甚至会胀成猪肝红色，等热量消耗平衡后会自然恢复。生气暴怒时的脸色变化也类似这个过程。这是一种生理性调节，帮助你的皮肤散发热量，不至于中暑。而到了冬季，气温低，极寒情境下可能会冻到嘴唇都发白。为什么？这是由于为了保存热量，皮肤内的血管极度收缩，面色苍白到毫无血色，就是这个道理。

二、激素依赖性皮炎

以上是生理情况，自主调节血管舒缩是皮肤的功能，但非正常情况下，就是另外一个故事了。有很多皮肤疾病或问题会导致面部持续性泛红，比如激素依赖性皮炎。

激素是我们皮肤科医生的好帮手，但前提是科学使用。很多人谈激素色变，避之不及，就是因为其伴随的诸多不良反应，包括脸红。抛开不良反应不谈，激素作为一个强大的抗炎药物，绝对是外用药的扛把子，可以迅速止痒、退红。这里的退红是通过抗炎作用实现的。但长时间使用或滥用，会损伤皮肤屏障，使皮肤变薄、血管持续扩张，失去自主调节能力，接踵而来的就是持续性脸红。

很多激素依赖性皮炎是在不自知的情况下发生的，尤其是面部。正因为过于重视，面对脸上出现的一点点皮肤问题都想即刻解决，而激素恰恰能达到这样的效果，真是长到了你的心窝里。遇到问题就涂，一涂就好，再犯再涂，一来二去，这种不正规的用药造成对激素药膏的依赖性，一不用就很容易复发。还有另外一种情况其实更常见，尤其是女性，面对脸上的斑斑点点以及岁月留下的痕迹难以接受，总想更白一点、更美一点，于是求助于各种偏方秘方，被不知成分的美容产品钻了空子。很多人长期用了"美白霜""祛斑灵"等独家配方，开始觉得皮肤状态是变好了，白皙、细腻，皱纹都少了，于是想好上加好，更认真地使用，可事与愿违，后来发现皮肤逐渐出现各种问题。皮肤细腻到皮纹逐渐模糊不清、菲薄，甚至能看到表面一丝丝的毛细血管扩张。这时候肯定会伴有干燥、脱皮，以及一定程度的刺痛、灼热或肿胀感。皮肤不但不白，反而比原来更黑了，也许还会有小汗毛长出来，简直就是"美容不成，变毁容"。

为什么会出现这些问题呢？这其实都是你在不知情的情况下长期使用含有激素的"三无"产品的结果。激素有强大的抗炎及缩血管作用，初用时由于以上功效，皮肤看起来是白了，但不是真正的黑色素减少，而是血管持续收缩。当累积到一定程度，血管反而失去收缩能力，转为持续性扩张。同时，皮肤变薄，使得原本在真皮层内的血管更容易显露出来。结果就是，你的脸变红了。

这种红不是红苹果的美，而是由病态的炎症造成的。即使停用这些"三无"产品，也不是一朝一夕能快速恢复的，往往需要非常长的时间来扭转局面。而且大部分需要药物及光电等手段的干预，费钱又费时间。你想想，是不是得不偿失？

具体的治疗方案要根据你的实际情况来个性化制定。你需要做的，就是配合医生，停用所有可疑产品，科学护理，积极修复屏障功能，做个听话的好助攻。同时要有心理准备，耐心地完成治疗。因为在整个过程中，可能会经历治疗方案带来的暂时性症状加重，或者本身病情的反复。只要你有耐心，我们就有信心让你的皮肤恢复如初。

三、其他因素

脸红，是病，除了激素依赖引起的，还有其他诸多可能，比如面部过敏性皮炎、丹毒、脂溢性皮炎、湿疹、玫瑰痤疮、日光性皮炎、银屑病，甚至少见的红斑狼疮、皮肌炎等。需要慧眼甄别，而这双慧眼是医生的。请相信医生，让你的皮肤重现健康的白里透红。

2. 皮　炎

特应性皮炎到底"特"在哪儿

大家平时都会遇到皮肤问题。好多人来看病时，总会跟医生讲"我得了皮炎"。可到底什么叫作皮炎呢？

一、概念

其实皮炎不是一个独立的诊断，别看有时候医生会附和着点头，可能仅仅是为了节约诊治时间而已。皮炎就像一个大箩筐，包含很多种具体的疾病，比如特应性皮炎、接触性皮炎、药物性皮炎、神经性皮炎、嗜酸细胞增多性皮炎……所以没有修饰词的皮炎，可以说就是一种现象的描述。

二、特应性皮炎

在众多种类的皮炎中，以特应性皮炎最受医生重视，原因是它的发病率高，而且对患者生活质量影响极大。虽然不至于像某些药物性皮炎那样凶险，但其慢性过程决定的十几年，甚至数十年如一日的皮肤剧烈瘙痒，足以折磨人到疯癫。

特应性皮炎有个特别容易记的英文缩写名——"AD"，发病原因很复杂。目前较为清楚的是与遗传体质、环境因素、微生物感染、自身免疫等密切相关。大部分人，尤其是小朋友多半是遗传背景下的皮肤屏障功能低下，导致的皮肤先天性干燥。可以在任何年龄段发病，出生 1 个月左右就有可能出现，或者直到七八十岁才第一次发生明显的症状，让人防不胜防。

不同年龄段的发病表现形式会有所区别。

（一）婴幼儿期

婴幼儿多半以急性湿疹样皮损表现居多，本来好端端的面颊、前额、头皮等部位突然出现很多小红点儿，甚至会有小水疱，由于其皮肤柔嫩，很容易变得湿哒哒。皮肤瘙痒难忍，小朋友只能用哭闹来发泄，无法控制的搔抓也特别容易诱发感染，让新手爸妈措手不及。

（二）青少年期和成人期

如果在婴儿期没有经过规范的治疗和护理，很容易过渡到儿童期或（和）青少年期或成人期。这时候的皮损多发生于面颈、肘窝、腘窝及小腿伸侧。由于反复发作，皮肤看上去特别干燥、毛糙，摸上去厚厚硬硬的，像阴暗角落里的苔藓，失去这个年龄的孩子特有的皮肤弹性和光泽。

（三）老年期

老年人的特应性皮炎是近几年逐渐被重视的一种特殊类型，很多人可能已经被困扰好多年但并不自知，或者一直以为是慢性湿疹，自己乱涂药，以至于被诊断时皮损已经一塌糊涂。相较于年轻人，老年人的皮疹累及面积通常比较广泛，而且有发生红皮病的风险，需要特别小心。用药不正规、不科学，更是其常见的诱因。

　　如果说广泛发作的皮疹很影响外观，其实剧烈的瘙痒更是让患者痛不欲生的问题。特应性皮炎的瘙痒程度相较于其他常见皮肤病是严重而持久的。想象一下，无时无刻、无孔不入、无法控制的剧痒会让人多么绝望。因此，有相当一部分患者会因为疾病控制不佳而导致抑郁、焦虑，甚至有自杀倾向。小朋友常常会因此而无法集中注意力，影响学习成绩，或者因为皮疹产生自卑心理，不敢社交。由于瘙痒造成辗转反侧，无法睡眠，生长发育更会受到严重影响。可以说，特应性皮炎虽不致命，但会严重扰乱人生。

二、防治

　　怎么治疗？先说原则，就是"加强保湿，科学治疗，阶梯方案"。

　　其实，加强保湿适用于很多皮肤疾病或问题，却没有一个毛病能值得我们医生如此强烈地把这句话天天挂在嘴边。还记得吗？前面强调过特应性皮炎发生的背景在于先天性的皮肤屏障功能低下，那么我们就得人为地后天弥补。面对干燥的皮肤和皮损，每天需要涂抹大量保湿剂，像睡前刷牙一样养成习惯。习惯养得好，治疗就事半功倍。

　　很多人觉得皮肤干就是缺水，不能经常洗澡，也不能用沐浴产品，殊不知，事实恰恰相反。不及时清洁皮肤的另外一个隐患，是可能让皮肤表面菌群紊乱，诱发感染。避免各种诱发瘙痒的因素，包括但不限于环境、衣着、饮食、精神情绪等。具体小提示如下：洗澡时，杜绝肥皂等强碱性清洁剂，换成中性或者弱酸性的非皂基产品，有效清洁的同时更安全；热水烫上去的那一瞬间确实很舒服，甚至可以暂时止痒，但反噬的后果是皮肤更痒，记得用温水沐浴，没必要准备温度计，但是以不觉得烫，甚至有点儿凉为度，毕竟每个人的体感不一样；至于沐浴次数，虽建议及时清洁，但也没必要每天三四次，恨不得一直泡在澡盆里，夏天每天沐浴 1 次，冬天 2~3 d 沐浴 1 次即可；每次时间也别太长，10~15 min 就足够了，夏天可以更快点儿；保湿剂的选择非常重要，针对皮肤屏障功能低下的人，应遵循无色素、无香料、无防腐剂、无乙醇等原则；一定要选择正规产品，足量涂抹。很多人会感到疑惑：我每天都涂保湿剂，为什么皮肤还干呢？有一个很大的可能性，也是常见的误区，就是涂抹量远远不够。建议每周的保湿剂用量标准为婴儿 100 g，儿童 200 g，成人不少于 500 g。市面上常见的保湿产品多数为 200~300 g 的包装。所以，成人 1 周就要用 1~2 瓶的量，你达到了吗？没达到的话，赶紧去囤货吧！

　　以上是你需要做到的，剩下的治疗交给医生。无论是外用药、口服药，还是更有针对性的生物制剂等，都需要根据你的年龄、发病部位、病变面积、病情严重程度等综合考虑，制订个性化治疗方案。我们的目标是尽可能地帮你长久地恢复正常生活，不再受特应性皮炎困扰。你要做到的是：听医生的话，认真护理，保持良好的生活习惯和积极乐观的心态。

3. 色素痣

害怕得黑素瘤？看看这篇就放心了

"痣，黑子。"——《广韵》。

"初，贵嫔生而有赤痣在左臂，治之不灭。"——《梁书·高祖丁贵嫔传》。

古有关于"痣"的各种描述与美谈，今有《非诚勿扰》节目中主人公因"黑素瘤"举办葬礼的桥段，或者每每遇到公众人物因恶性痣去世的新闻，都会掀起一波"患者"来皮肤科咨询或要求祛痣的小高潮。看，我们

和痣的抗争，从未停止过！我们对痣的恐惧，也从未减少过。

所谓的"痣"只是一个笼统的概念，种类繁多。按来源可以分为色素痣、血管痣等，小部分人出生即有，但大部分人还是随着慢慢长大逐渐出现的。所以别大惊小怪地跟医生讲"我这颗痣以前从来没有"，从来没有就对了。我们口中常说的"痣"，多半指狭义的来源于色素的"黑素细胞痣"。

一、色素痣与恶性黑素瘤

皮肤的颜色主要由基因背景下基底层黑素细胞的数量和功能决定，不但会影响肤色，更重要的是有保护作用。黑素细胞源源不断地生成的黑色素释放到角质形成细胞，构成皮肤抵御紫外线伤害的重要防线。但黑素细胞的能力有限，如果受到包括紫外线及理化等不良因素的过度刺激，很容易被激惹而发生恶变，恶性黑素瘤就是最坏的结局。

即便如此，也请大家不要过分担心，黑素细胞从良性发展成恶性需要一定的时间和条件，并不是那么容易说恶变就恶变的。尤其是我们亚洲人群，相较于黑素细胞含量先天性更少的欧美人，算是非常幸运的。但对于必须长期接受大量紫外线辐射的职业，有美黑嗜好的人，或者长在特殊部位的痣，比如腰间皮带摩擦或肢端容易被挤压的位置，还是要提高警惕，定期体检。此外，如果你的家族里有血缘关系的成员罹患过黑素瘤，也需要格外提高警惕，因为黑素瘤确实有一定的基因背景和遗传倾向。根据权威统计数据，2015 年我国恶性黑素瘤的发病率在 0.008%，死亡率在 0.0032%，且均呈上升趋势，值得关注。

　　大家之所以谈恶性黑素瘤色变的主要原因是其恶性程度极高，容易转移，预后非常差，对放疗、化疗都不敏感，简直就是一块顽石。因此一旦确诊，死亡率极高（仅次于肺癌）。虽然发生率只占皮肤癌的 5%，但是死亡率高达 75%！可以说发现恶性黑素瘤时往往已经到扩散的阶段，5 年生存率微乎其微，真可谓"皮肤癌中之王"！但早期诊断的恶性黑素瘤经皮肤外科扩大切除后，治愈率可以达到 95%~100%。这里不是制造焦虑，而是告诉大家：有病，千万别拖着！

二、色素痣恶变的判断标准

　　让我们倒带回色素痣，该怎样判断自己的色素痣有没有恶变的倾向或可能呢？教大家一个国际认可的"ABCDE"原则，掌握好，就能帮你提前发现其恶变的苗头。

　　Asymmetry：不对称；

　　Border irregularity：边缘不整齐；

Color variation：颜色不均匀；

Diameter：直径大于 5 mm；

Elevation：不断进展。

以上原则并不是绝对的，如果你对自己身上的色素痣有任何不确定性，还是要来医院找医生面诊。医生会根据经验，结合辅助检测手段来帮助你，比如无创的皮肤镜，可以有效进行初筛。一旦高度怀疑，可能需要做进一步的组织活检行病理学检查，也就是切除（部分）病变，经过制片后在显微镜下观察，这是诊断的"金标准"。目前还没有什么可以取代这种与细胞"面对面"的检查方法。

三、治疗

对于可疑或者明确恶变的色素痣，我们必须毫不留情地予以手术切除，甚至要扩大范围以斩草除根；有些情况，还可能要配合术后的放疗、化疗及光动力治疗等。那么对于目前还模棱两可、低风险的痣，该怎么办呢？留还是不留呢？别纠结，听听医生的建议。

对于目前还处于良性阶段的色素痣，可以暂时观察，前提是"ABCDE"原则都没有触及，而且是长在相对安全的位置，也就是非曝光、非摩擦的部位。一旦以上有任何不符合，那别心软了，还是早点去除更放心。除了手术，当然还有创伤相对更小的方法。

（1）药水点痣：主要是通过化学腐蚀，组织溶解变性来达到祛痣的目的。但这类药水的成分以强酸类或强碱类为主，很难掌控其浸润深度和弥漫范围，少则处理不干净、有残留，多则遗留凹点或凹坑，影响美观。其本质为"伤敌一千自损八百，同归于尽"的打法，不做常规推荐。

（2）激光点痣：这个概念更为深入人心，但医生通常很谨慎，会根据痣的大小及深浅综合考虑。对于小于 3 mm 的痣，且基本局限在表皮内的痣，才考虑做激光；大于 5 mm 的痣，手术是首选。你若问我为什么，原因很简单，安全、美观都是我们要考虑的重点。

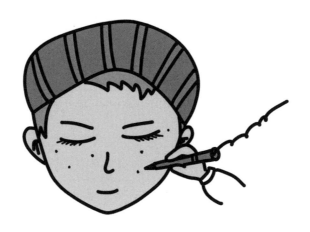

总之，色素痣是伴随所有人的一个皮肤小问题，但小问题可能会是大祸害。所以需要大家关注，并提高警惕，避免谈之色变的焦虑，也提防讳疾忌医的风险。定期观察，密切随访，及时就医。至于如何治疗，听医生的话就好。

4. 扁平疣

扁平疣会致癌吗

扁平疣是一个皮肤科常见的感染性问题，因为致病原是让人闻风丧胆的人乳头瘤病毒（HPV）。所以一旦沾染，大家就很恐慌，莫名地与HPV感染的其他问题相关联，比如尖锐湿疣和宫颈癌。对此，到底应不应该紧张呢？

一、病因

HPV是一个超级大家族，所涵盖的病毒亚型有数十种，其中对人类有危害的仅仅占一小部分。而不同的亚型，偏好也泾渭分明，有的喜欢黏膜，就寄居在比较隐秘的位置，其中口腔或生殖道感染的风险最大；有些"显眼包"则偏好干燥、通风、宽敞的环境，皮肤表面就是它们的宜居地。就像电影里有正派、有反派，主角里还分1号、2号一样，即使兴趣一致的亚型也有高危、低危之分。高危型HPV严重时会危及生命，而低危型HPV仅仅影响美观，甚至在不重要的部位可以长期忽略，与之共存，没准哪天，它自觉没趣后便自动消失也说不定。所以，别一谈HPV就色变，要理性、科学地对待。

二、临床表现

再说回扁平疣的问题。作为一种皮肤表面的良性增生，其致病的主要病毒亚型以 HPV-3、HPV-10、HPV-18 及 HPV-41 型多见。在皮肤上长出一些小小的扁平丘疹，直径一般 2~3 mm，增多后可以融合成更大的，大部分呈现淡褐色或近肤色，而且表面很光滑，很少单发，或者单发时根

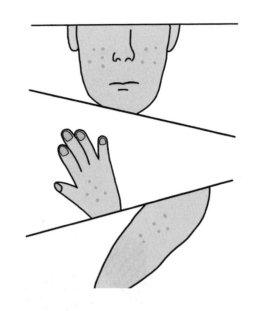

本没有引起关注，等发现时可能数量已经很多。最容易发生的部位在面颈、手背等。这些位置常暴露，所以易感机会多，而且紫外线的照射对于病毒而言是个激活因素，加上自觉或不自觉的搔抓刺激等，都会让扁平疣增长更快、长得更多，有碍观瞻。

"疣"如其名，扁平疣确实长得很"扁平"，在临床上很容易鉴别。不像它的同门兄弟那样鹤立鸡群，比如寻常疣也是由 HPV 感染导致的，但表面粗糙，犹如"刺瘊子"；尖锐湿疣不仅像"菜花"，还因为身处黏膜位置，总是湿哒哒的。跟扁平疣容易混淆的，反倒是一些非感染性疾病，比如脂溢性角化、疣状痣等，具体需要有经验医生的火眼金睛来识别。

三、感染途径

既然是病毒感染，就存在与机体免疫系统的抗衡。所以有些扁平疣可以自愈，也是有理论依据的，虽然只占一小部分，但也是有希望的。提醒

大家不管是否发病，积极保持体格强健非常必要。一旦发病，也要知道如何正确做，才能避免进一步发展。扁平疣最中意两样东西，紫外线是其一，所以阳光暴晒是疣体短期内增多的诱发因素；搔抓等物理刺激是其二，疣体中存在大量病毒，当遇到刺激后，病毒增殖活跃，容易沿着抓痕传染正常皮肤而产生新的皮损。这种自体播散有个专有名词来描述，叫作"Koebner现象"或"同形反应"。你看那一条条串珠样分布的众多疣体，就知道百分之百是抓挠出来的，想否认都难。

病毒到处有，可为什么是你被传染上？以下几种情境，供你对号入座。

（1）与感染者亲密接触或间接通过接触病毒污染的毛巾、洗漱用品等，多半是家庭成员间互相传染。

（2）皮肤屏障的完整性或功能受损，给病毒侵入提供可乘之机。记住，皮肤屏障是抵挡病毒侵犯的第一道防线。

（3）免疫系统是机体消灭病毒的坚强后盾，所以由各种原因造成的免疫力低下会让你有更多机会被感染。

如果已经成为HPV的"天选之人"，自怨自艾是没用的。与其唉声叹气，不如保持愉快的心情，加强身体锻炼，增强自身的免疫力。至于治疗，无

论是外用药，还是激光治疗、冷冻治疗，都有效，总有一款适合你。皮肤科医生会保你没有后顾之忧。

5. 瘢 痕

你以为的"痘痘"有可能是"疤"

快看看你的身上有没有顽固不化的"痘痘"，不管如何涂药也没有改善，不但不会消退，还时不时会调皮地让你痒一痒、痛一痛，有时候还会偷偷长大、变形，伸出小小的"脚"来。你待它如"毛囊炎"，然而真相可能会颠覆你的认知，它根本就是伪装成"痘痘"的瘢痕。

一、成因

瘢痕是由物理、生物、化学等原因引起的皮损愈合后的病理性变化。究其本质，就是皮肤自愈过程中的各种错误，导致结构和神经分布都错乱了的过度纤维化。日常生活中，诱发瘢痕的因素太多了，烧伤、烫伤、切割伤等意外，或者不得已而为之的手术，甚至包括你自己为了美而简单、粗暴地处理"痘痘"，都可能给瘢痕的形成留下隐患。总之一句话：但凡深达皮肤真皮层的伤害，都会刺激机体，启动自我修复程序。正常或非正常的组织将尽快生成来填补空缺，这样瘢痕形成的机会也就来了。

二、分类

医学上，瘢痕可以大致分为生理性和非生理性两类。生理性瘢痕的结局相对容易接受，因为在相当长的恢复时间内，完全有可能恢复至接近正常外观的皮肤，隐约能看到痕迹而已。多数手术瘢痕在良好的护理条件下一般都能够达到这种水平。非生理性瘢痕是我们最不愿意看到和不愿意接受的，它可以表现为各种外观，凸起或凹陷、大小不一，可以发生在任何部位，往往需要花大量的时间、精力及经济成本去拯救。

三、危险因素

现在你的问题一定是：为什么留瘢痕的是我，不是他或她？归纳起来有以下，但不限于这些原因。

（1）种族：有色人种中瘢痕发生率更高，所以黑人发生率最高、黄种人次之、白种人相对最低。

（2）体质或家族遗传：有的人具有一定先天性体质或遗传倾向，我们称为瘢痕体质。可以咨询一下自己的爸爸、爷爷，有遗传背景的人群相对更容易发生。

（3）年龄：青年人是瘢痕或瘢痕疙瘩的相对高发人群。小朋友皮肤愈合能力强，而老年人皮肤愈合速度慢，反而不容易出现过度增生的问题。

（4）皮肤色素：瘢痕疙瘩更喜欢色素集中的部位，这与有色人种发生率高的原因相同。

（5）代谢状态：高代谢状态下更多发，因此除了青壮年，孕期女性也很容易"中招"。

总结下来，皮肤黑的年轻人，且父辈有瘢痕的要小心了。

四、防治

谁都不想皮肤长瘢痕，所以生活中要保护好自己，尽量不出意外状况。无法避免的手术该做还得做，尤其是危及生命的，救命要紧，就别管瘢痕的问题了。如果是可做可不做的，且明确自己是瘢痕体质的话，一定要在术前与医生充分沟通，精细的外科缝合术将有助于把发病的可能性降到最低。

已经出现的瘢痕就得靠治疗，但遗憾的是，至今为止，还没有任何一

个方案能够简单有效且全能地解决瘢痕问题。所以，医生会根据具体情况采取综合性治疗手段，针对各个环节，阻断促进瘢痕形成的因素，以期达到改善。非手术治疗方案包括但不限于：局部加压、放射疗法、药物注射、激光、外用药物、生物治疗（细胞因子、皮肤组织工程）、冷冻、光化学，以及心理疗法等。

各种瘢痕贴或者瘢痕膏是大家最熟悉、也最容易接受的，主要包括抑制炎症介质和软化瘢痕的药膏，以及硅酮类制剂等。硅酮类制剂能够为瘢痕皮肤提供一个稳定的内环境，有利于上皮的再生修复及瘢痕稳定，抑制胶原纤维的增生，降低伤口周围的张力，进而抑制瘢痕的形成，所以尽早使用和坚持使用是重点。

瘢痕针只是一种治疗方式，区别在于具体注射的药物。常用的有曲安奈德、复方倍他米松、5- 氟尿嘧啶、肉毒素、玻璃酸酶等，通过软化增生期的瘢痕或瘢痕疙瘩，促使其逐渐萎缩。局部注射需要按疗程持续治疗，直到满意，但只针对明显凸出型瘢痕，对已经成熟或凹陷的瘢痕不适用；而过量注射也会导致局部组织缺损而凹陷，需要由有经验的医生操作。

以上治疗都不是唯一的解决方案，一般后期都需要结合光电疗法。最经典的二氧化碳（CO_2）点阵激光，利用"局灶性光热作用"原理调节成纤维细胞的增殖和凋亡，促进胶原蛋白的合成，能够有效改善瘢痕的质地。

比 CO_2 点阵激光更激进的磨削术,针对的是再上皮化过程,虽然对真皮也有一定的刺激作用,但缺少热刺激效应,所以效果略逊一筹。滚轮微针等手段同理,也存在类似弊端。

那么,问题又来了:手术形成的瘢痕能再次通过手术切除吗?正所谓"用魔法打败魔法",手术刀仍然是我们对付瘢痕的有效工具,尤其是已经失去正常皮肤结构的"镜面皮"样瘢痕,早期可以简单粗暴些,通过手术完全切除。术后及时配合放疗、药物、光电疗法等,纠正愈合过程,不让它跑偏。虽然仍然很难恢复到原来无瘢痕的状态,但起码会比原来的外观耐看很多。值得注意的是,对于瘢痕体质人群,要慎重选择有创性的手术,否则极有可能术后诱发新的瘢痕。

总的来说,瘢痕是一个相对无害的、涉及美观的皮肤问题,但影响美观已经是它的"原罪"了,更不要说某些特殊部位还会影响到功能,所以早期科学地干预,非常有必要。明确治疗方案前,必须坚持有耐心、有信心,与医生积极沟通,明确目标,共同制订治疗方案,并积极配合医生,也要在心理上接受瘢痕治疗的终点是尽可能地恢复功能和改善外貌,而非彻底消灭它。

6. 脱 发

不是所有的掉头发都叫脱发

又到了万物复苏、狗熊撒欢的春季,眼看地里的小草探起头,光秃枝丫窜出嫩芽，但是自己的头皮依旧荒芜，且日渐凋零，聪明得要"绝顶"，真是让人发愁啊！该拿什么拯救我的头发？

一、毛发生长小知识

要拯救头发，首先要搞清楚掉头发的原因，精准施治。其实，也并不是所有的掉头发都是真正的脱发。正常情况下，头皮上大约有90%的毛囊在持续不断地生长头发，我们将这个阶段称为生长期，持续2~6年。没有哪个毛囊会从生到死，一直工作到老，否则最长头发的吉尼斯世界纪录也不会只有5.79 m。在大部分毛囊忙着工作时，另外约10%的毛囊处于休息阶段，被称为退行期。在这2~3个月里，这部分毛囊基本处于集体躺平的状态。退行期结束后立即进入休止期，也就意味着躺平的毛囊彻底躺平，集体脱落；而后凤凰涅槃，开始重新一轮的生长周期。所以每天都有差不多1%的毛囊处于休止期。按照平均毛发数量10万根计算，每天脱落50~100根头发是完全正常的。每一根头发脱落后都会被来自同一个毛囊内新生的头发取代，就像子承父业一样。这个周期周而复始，只不过随

着年龄的增长会逐渐变得缓慢。一旦发生一些打乱正常周期的变故，毛发就会非正常地脱落，也就是临床上各种类型的脱发。

所以你看，每个正常人，每天都会掉头发，没有谁头皮上的毛囊会像千年老妖一样长生不老，永不疲倦地长头发。只要脱落的头发数量在正常范围内，就

没有什么好担心的。而且这只是一个平均值，就算偶尔遇到某一天掉的头发超过 100 根，也不要马上焦虑，也许明天的掉发数量只有 50 根，后天掉发 60 根，平均下来还是正常的。此外，这个平衡也会与季节、年龄、身体状况，包括洗发、烫染头发，以及药物等因素动态调整。所以即使短期内出现掉头发增多的现象，也不必过度慌张。

还有一件事情得请大家接受，尽管每个人都拒绝衰老，但成长及衰老的过程无法抗拒。因此，随着年龄的增长，皮肤包括毛囊的功能必然逐渐退化，毛囊或毛发的绝对数量在一直走下坡路。如果说你的巅峰颜值在 20~30 岁，对不起，你毛发浓密的最高峰可能在青春期这段短暂时光；而后，每个人的毛发数量都会逐渐减少。别总跟你 17 岁的照片作比较，没有谁的头发茂密程度能够重回 17 岁的状态。

二、病理性脱发

哪些掉头发是不正常，需要治疗呢？导致脱发的原因太多了，精神焦虑等因素会诱发斑秃，就是睡一觉起来发现头皮秃了一块。因为不痛不痒，

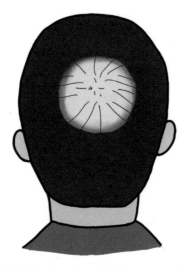

很多人都是在理发时才被发现。这种脱发除了精神因素之外，与自身免疫状态直接相关。轻度脱发有可能自愈，而重度的可能对药物不敏感而很难治愈或者反复发作。最常见的还是脂溢性脱发，又被称为雄秃，与激素有关又没那么相关。简单的理解就是毛囊生长主要靠雄激素调节，但雄激素家族也有兄弟若干。这类人群由于遗传等因素，把真正干活的正牌内分泌激素边缘化，反而更加宠爱调皮捣蛋的雄激素形式，在"恶势力"的作用下，毛囊逐渐缩小，毛发越来越细，直至微小到无法再长出头发，所以视觉上，头皮越来越秃。不良的生活习惯是重要的发病诱因，所以雄秃的发病趋势越来越年轻化。此外，休止期脱发也很常见，尤其是节食减肥、压力、作息等问题，让处于躺平状态的毛囊比例明显增加。因此，进入休止期的毛囊多了，怎么能不"哗啦哗啦"地掉头发呢？掉头发的原因和脱发的类型太多、太复杂，想仔细了解，我们另外开篇。

三、诊断

要想知道自己的掉头发属于正常现象还是明确有病，那得来医院进行排查。必要的体格检查、既往治疗史和家族史询问、相关血液学指标检测、拉发试验、毛发镜检测、病原微生物检查，甚至头皮活检的病理学诊断，都是我们帮你寻找脱发原因及判断脱发类型的必要手段。但并不是所有的一起上，而是有的放矢地帮你做必要的筛查。大部分情况，在医生的经验指导下，仅仅靠临床表现及无创的毛发镜检测就能拨开迷雾，帮你理清思路。到底是不是真正的脱发，你说了不算，医生说了算。

　　假如真如你所担心的，确实属于病理性脱发，正规治疗就好。绝大部分的脱发类型都有很有效的针对性治疗方案，无谓的担心和焦虑只会让疗效减分。要知道，精神因素也是导致脱发的重要方面，有病治病，请放下心理包袱，知迷途而返！

第五章 医疗美容之思考

1. 护肤品

"早C晚A"，你用对了吗

大家热衷于护肤，因此，护肤品和护肤理念也不断推陈出新，新概念满天飞。其中，"早C晚A"被很多皮肤科医生及美妆博主大力推荐。所谓"早C晚A"，就是指早上使用含维生素C成分的护肤品，晚上使用含维生素A成分的护肤品，这样可以兼顾美白、抗氧化、嫩肤、减少细纹、

延缓衰老、抑制粉刺等多种功效。这听起来很有道理，果真如此神奇吗？

一、基本概念

维生素 C 应该是皮肤美白界的杠把子，可以抑制酪氨酸酶的活性，进而阻断黑色素合成，同时对抗氧自由基，保护细胞内结构免受氧化应激损伤，淡化已经生成的黑色素，双管齐下。所以，"早 C"的重点是改善皮肤暗沉，淡化色斑，让肌肤白得自然透亮。

维生素 A 则是延缓衰老成分中的翘楚，行走江湖多年，深得中青年女性和我们皮肤科医生的独宠，不仅可以对抗岁月带来的皱纹，在对抗色素问题上也是当仁不让。维生素 A 家族包括维生素 A 酸、维生素 A 醛、维生素 A 醇和维生素 A 酯等一众兄弟，对皮肤的刺激性依次递减。"大哥大"维生素 A 酸通常作为外用药，无论浓度多低也是药。至于很多网红医生推荐用维生素 A 酸软膏调配来嫩肤，"仁者见仁，智者见智"。如果你能承担风险，我们不干涉，但真心不建议。相对于疗效，其刺激风险更应该被重视。既然护肤品中有刺激性更小的维生素 A 醇（视黄醇）和维生素 A 醛（视黄醛）可以选择，没必要单纯为延缓衰老或图便宜而冒风险选择维生素 A 酸。

人人都逃不掉衰老，只是早晚的问题，我们的目标是尽可能地留住年轻。导致皮肤老化的原因太多，但 80% 左右源于光老化，即日常的紫外线暴露会加速皮肤衰老。维生素 A 能抑制诱发皮肤衰老的活性酶——金属蛋白酶被紫外线激发，因此从这个角度看，其具有抗光老化能力。此外，维生素 A 还具有强大的角质剥脱作用，持续作用会改善粉刺、缩小毛孔，让皮肤变得更细腻。

二、关键要点

听上去是不是很美？"早C晚A"组合貌似无懈可击，让皮肤保持嫩白、青春无敌，但理论和现实总有差距。

任何抛开浓度谈功效都是耍流氓。概念是没错，但是具体到选择的产品，要把握几个关键点，包括品牌、成分、浓度等。品牌很大程度代表安全性，将致敏等风险降到最低；成分和浓度代表有效性，到底是维生素A醇还是维生素A醛？成分的排名是否在前三名？这些都关系到功效高低，证明你的钱有没有白花。

为什么是"早C晚A"？"早A晚C"不行吗？之所以提出这样的先后顺序，原因在于维生素A类怕光怕氧，相当矫情，一般含有维生素A类成分的护肤品都要求有避光和隔绝氧气的包装，晚上使用，当然效率会更高。至于维生素C就没有这么多讲究，其实早晚都可以用，只是它不想跟维生素A争江湖罢了。

正如导致皮肤衰老的原因很多，科学的护肤习惯固然重要，但并不唯一，不要过分迷信单一的概念。比起"早C晚A"，科学清洁、保湿、防晒，保持早睡早起的生活节律，养成健康的饮食习惯，以及保持美丽心情都非常重要。

2. 激 素

科学面对激素

提到激素，大家的第一反应是什么？肥胖？烂脸？月经不调？铺天盖地的新闻报道好像都在告诉大家"激素很可怕，不能用"，果真如此吗？本节只为给激素"正名"。

一、临床作用

所谓"年少唯爱多巴胺，中年才懂内啡肽"。激素是我们人体内与生俱来的一种化学物质，任何细胞、腺体或者器官都可以分泌。作为细胞间的化学信使，它支持生命体的正常功能，种类繁多，且作用强大。0.5 mL

的肾上腺素就有可能让命悬一线的人起死回生，可以毫不夸张地讲，离开激素，我们的生命必将终止。在我们皮肤科医生的工作范围内，用得最多的是糖皮质激素（GC），也就是大家熟知的"激素脸"的元凶。

无论是肾上腺皮质自然分泌的GC，还是人工合成的高仿类GC药物，都具有异常强大的抗炎、抗毒、抗免疫等"超能力"。也不管它以何种途

径进入体内，GC一直是皮肤科最常用的经典药物之一，皮炎湿疹、银屑病、药物过敏、急性荨麻疹等疾病，在某个节点都离不开激素的一臂之力。不会用GC，就不是一名合格的皮肤科医生。激素的疗效是毋庸置疑的，被讨论最多，最有争议或误解的就是GC的安全性。我们该如何看待这个问题呢？

首先，我们必须承认，作为药物，与疗效相伴的总会有不良反应，甚至很多药物说明书上罗列的不良反应比适应证部分还要冗长，但这并不能掩盖其有效性的本质和重点。无论系统口服、注射，还是局部外用，GC

也会存在诸多且必然出现的不良反应，这个是事实。不良反应的出现早晚或程度轻重，要看累积剂量及身体状况或部位。所以，任何药物都要在医生的指导下科学使用，这是亘古不变的真理。

二、不良反应

我们来盘点一下长期、大量使用 GC 的一些常见不良反应，便于对号入座，提醒各位"嗅苗头"。

皮肤科医生重点关注激素外用。GC 从效力上可以分为不同等级，越强效，吸收越快，作用越强，不良反应的风险自然越大。微观上连续使用超过 7 d 的强效激素，就可以在显微镜下观察到表皮变薄萎缩的征象，虽然还没来得及反映在大体外观上，但 GC 造成的伤害就这样悄无声息地开始了。首先是皮肤逐渐变得菲薄脆弱，很容易受伤。表皮继续萎缩的后果是真皮层的毛细血管开始变得肉眼可见，所以皮肤远看泛红，近看能见到一丝丝血管像蜘蛛网或树杈一样盘绕。激素能刺激黑素细胞的分泌，减缓代谢，所以皮肤会变得越来越黑，我们称为"炎症后色素沉着"，甚至会长出细细密密的小毛毛。再继

续发展到真皮层、胶原纤维、弹力纤维断裂和重组，表现为萎缩纹，就像女性怀孕时长满肚子的妊娠纹一样，当然部分患者也与系统吸收导致的快

速肥胖有关。皮肤变薄本身就会伴随屏障功能的减弱，尤其在面部或敏感部位，表现为皮肤不耐受各种微小刺激，泛红、肤色不均、潮红，甚至出现紫癜等。这些都是随着 GC 累积剂量的增多必然会出现的反应，请大家多留意。

外用 GC 的原则是尽量不要选择在面部或皮肤相对薄嫩的部位，包括耳后、腋下、大腿内侧及外阴生殖器等处，因为皮肤薄，更容易出现不良反应。如果有必要，也要见好就收，而且首选弱效 GC，忌长期使用。另外，除了几乎人人都会中招的不良反应，还有少数人可能会由于体质原因对 GC 外用药过敏，包括对 GC 本身或其中的辅料，表现为皮肤瘙痒、红肿、刺痛等，很容易误认为是原有皮肤病症状的加重。这时候要及时停药，症状便会逐渐自行好转。

长期不正规用药还有一个很常见的问题，就是引起依赖性。很多人会发现用药有效但不能停，否则原有皮肤症状很快复发，甚至加重。这种情况叫作激素依赖性皮炎，需要与药物过敏相鉴别，最重要的鉴别点在于是否有长期不正规用药的经历。

但是不得不说，激素依赖性皮炎有时候发生得悄无声息，部分人明确知道自己用了 GC 药膏，还有一些人比较特殊，自己并不十分清楚每天在使用含有 GC 类的产品，这才是最坑人的。这些人多数是女性，因为希望皮肤保持年轻美白，而通过各种渠道获得诸如"美白霜""祛斑灵""去皱药膏"等偏门产品，用后确实效果显著，短期内皮肤就白了很多、嫩了不少，但她们不知道的是这些产品之所以快速有效，就是里面的高浓度 GC 在起作用。在不知情的情况下，不知不觉就使用过量了，等到后知后觉停用后，已经产生依赖性。所以强烈呼吁爱美的姐妹们要科学变美，千万别相信旁门左道。

激素是一把双刃剑，用得好能斩妖除魔，用得不好可能让你遍体鳞伤。正确的做法就是遵医嘱，才能科学治疗、规避风险。生活不容易，处处是陷阱，但你要擦亮双眼，炼就火眼金睛。不传谣、不信谣，不图省事、不贪便宜，遇到问题科学解决，医生总是你的坚强后盾。

3. 刷 酸

果酸焕肤，唤醒青春唤醒美

"刷酸"的概念一直被"炒"，已经变得无人不知、无人不晓了。其实，酸类产品在皮肤科，尤其是医疗美容领域的应用历时更久。刷酸的目

的是促使皮肤过度增殖或者未能及时脱落的角质层剥脱，加快代谢，解决皮肤表面的诸多问题，比如痤疮、黄褐斑及角化性皮肤病等，同时有嫩肤的功效。所以，皮肤科医生知识构架中的"刷酸"，叫作化学剥脱术，有"治病"和"美容"两个标签，意味着它作用综合，能文能武，能歌善舞。

果酸（AHA）是最常用的一种酸的品种，最初提炼于水果，比如苹果酸、柠檬酸、甘醇酸、苦杏仁酸等，你都能通过它们的名字追根溯源。果酸最优秀的能力在于去除废旧角质，具有强大的剥脱效果。不同的种类也会有自己的闪光点。高浓度果酸只能在医院里接受进行性梯度治疗，针对粉刺和角化性丘疹为主的"痘痘"有奇效，可辅助加速淡化痘印，还能在一定程度上填充表浅痘坑，加速细胞代谢的同时也让黑色素代谢加快。因此，难治性黄褐斑通过定期的刷酸治疗，会有肉眼可见的缓解，且安全、不反弹，但前提是浓度一定要高，专业性要求自然就更高。

　　平时在生活中适度使用含有低浓度果酸成分的护肤品，也有助于维持角质细胞的正常代谢，促进细胞更新，保湿、减少细纹、提亮肤色，帮助肌肤维持紧致、细腻和光滑的状态。我们日常能够买到的护肤品，果酸含量浓度比较低，以甘醇酸为例，护肤品中最高的添加浓度是 6%，日常使用的果酸浓度低于 3%，可以放心使用，基本不会出现皮肤不耐受的问题。如果浓度超过 3%，建议先少量、短时间涂抹，或者在颈、耳后等部位尝试，让皮肤有个适应过程，最好晚上用，白天使用的话要做好防晒。

　　刷酸这个概念其实包含所有的酸类产品，果酸只是其中最常用的一种。近几年，水杨酸（BHA）也逐渐恢复了其"江湖元老"的地位，其实它的历史远比果酸要久远得多，也是应用非常广泛的明星产品。水杨酸与果酸有点儿区别，它具有脂溶性的特点，因此在局部溶解和吸收都特别好，所以抑制皮脂腺分泌的能力更强大，可以有效改善皮脂腺通路堵塞引起的炎症、黑头、闭口等问题。

　　另外，水杨酸有轻度的抑菌和抗炎作用，这也是果酸可望而不可及的

优势。痤疮及黄褐斑等的发病都离不开炎症反应。所以你看，直击病因，疗效自然确切。

相较于果酸的分子量小、渗透力强，水杨酸以逆向思维，选择了截然相反的方向，相对较大的分子量注定其无法透皮更深，作用表浅也意味着水杨酸焕肤的效果更温和、更安全。

刷酸的选择不只果酸、水杨酸，还有很多复合酸不断出现，但万变不离其宗，大家根据自己的实际问题，在医生的建议下科学选择即可。高浓度的刷酸治疗必须要在医疗机构进行。看完以下流程介绍你就会明白，为什么不能用网购产品在家刷酸。

（1）真正用于院线刷酸的产品，你根本无法通过正规渠道获得。反之，如果你能获得，那拿到的东西大概率是假的或违法的。

（2）刷酸的过程必须由专业人员操作。其中有一些小技巧，你无法通过自行操作实现，比如我们会时刻观察酸在你面部的反应，及时终止反应。这个时间窗就是眨一下眼睛的工夫，早了，没达到预期效果，有点儿浪费钱；晚了，就会有明显结痂、留瘢、色素沉着的风险，美容可能变毁容。

（3）关键是适应证的把握。你的皮肤问题是否需要刷酸？适合哪一种酸？最佳浓度多少？疗程多久？是否需要配合药物或其他治疗？这些是专业知识，也许你有很强的自学能力，但也别拿自己的脸做试验品。

（4）如果你真的对刷酸感兴趣，可以按需选择低浓度家用产品，持之以恒，美丽是用时间和金钱堆出来的。

既然是治疗，那就会伴随一定的风险或禁忌。刷酸的绝对禁忌证很少，主要是局部有破溃、感染、过敏及日晒伤等情况时不能做。口服维生素A酸类药物需慎重，接受其他医疗美容治疗时需平衡。至于妊娠期或哺乳期，不是绝对禁忌证，需要看你的耐受程度，如果不急于解决皮肤问题，可以再等等。

刷酸的好处虽多，但也要正确看待，作用很全面并不代表全能，毕竟无法解决你所有的问题，必要时，你得打"配合战"。刷酸只是一个手段和过程，刷酸后及其间的护理同样重要，作息、饮食、防晒等细节做好了，会让刷酸的效果翻倍。用你的内驱力配合刷酸，方能唤醒你的青春、你的美。

4. 激　光

神奇的镭射

大家有没有这样的经历？去医院点个痣，医生说做激光；想脱毛，医

生说做激光；想治疗痘印、痘坑，医生还是说做激光……激光到底是什么？为何如此百搭和万能？

一、基本概念

激光是某些特殊物质在特殊条件下发生离子数反转，通过谐振腔的放大所释放出来的光。英文"LASER"就是这段话的关键词缩写，所以很多人将其直接口译为"镭射"，这是外文的翻译而已。那简单解释，激光就是受激释放并放大的光。

激光的性质主要取决于波长，而这个指标是由产生激光的物质决定的，比如 CO_2 激发的是 10 600 nm 波长的 CO_2 激光，红宝石激发的是波长为 694 nm 的红宝石激光，翠绿宝石会激发波长为 755 nm 的翠绿宝石激光，以此类推。有了波长的基础，剩下的就是各种修饰和改造了，比如同为翠绿宝石激光，加个"Q"开关技术就叫作调 Q 翠绿宝石激光，通过压缩脉

宽，提高峰值功率。如果把这个速率提高
到一次开关实现皮秒级别，就是大家熟悉
的蜂巢皮秒激光。科技发展太快，新的机
器也不断涌现，但基本的理论不会变。

激光有几个特性，符合了才叫激光。
首先是单色性，指它的波长具有唯一性，
无论哪一台激光机器，工作状态只能允许
单一波长的光释放。从这个角度讲，大家
更为熟知的光子嫩肤本质并不是激光，而
叫作脉冲强光。其次，激光发射具有时间和空间的高度统一性，保证了治
疗过程的稳定，叫作相干性。激光的平行性保证了它始终保持一束直线而
不会发生扭曲或发散，起点和终点高度重合。激光还具有高能量和易于聚
焦的特点，这也是其强大功效的底气。

二、治疗原理

激光工作基于很多原理，其中一个最重要的作用就是选择性光热。当
我们遇到一个问题想要解决时，首先要了解造成问题的原因是什么，再选
择合适的武器。比如面对局部的色斑，根源在于黑色素的堆积，我们就可
以选择能够被黑色素特异性吸收的波长，且不会对周围组织的靶点（水、
血红蛋白等）过度吸收而造成破坏。巨大的能量被黑素细胞吸收转为热能，
光爆破作用让大的黑色素团块瞬间破裂成小块，甚至碎块，方便代谢，从
而达到淡斑的效果。这里又涉及了光爆破理论。同样道理，针对血管性问
题，就要选择对血红蛋白吸收度最高的波长，又要避开黑色素过度吸收，

调节脉宽。想想看，如果光没有选择性，治疗中被所有的组织有效吸收，那后果就是严重烫伤。

具体选择哪种波长是医生的工作，没有最优，只有更优。其实影响效果的除了波长，还有其他一些参数，包括脉宽、能量密度等，这些都跟医生的经验直接相关。机器很贵，不是所有医疗机构都能拥有的，但这并不影响临床工作。就像当年的小米加步枪也能取得"抗战胜利"，真正的好医生会因地制宜，就地取材，将机器的功效最大化发挥。单反相机固然比傻瓜相机能更好地拍出大片，但有经验的摄影师用手机照样可以玩出花样儿。所以，机器虽好，也不必盲目迷信，实施操作的那个人才更重要。

5. 射　频

射频技术能让我重返18岁的青春吗

射频，听起来是个很专业、很晦涩的名词，但如果说热玛吉、热拉提、黄金微针，你是不是就恍然大悟、豁然开朗了？

　　射频确实是个物理学名词，具体指电磁波，波谱按频率由慢到快，覆盖无线电、可见光、紫外线及放射线等很多波段。医学上利用电磁波穿透表真皮及皮下组织，逐渐向下传播能量，通过和皮肤内水分子共振，形成热能，实现生物学效应。所以，做射频最大的感觉就是热（烫）。

　　皮肤组织加热有什么用？局部的热刺激及能量震荡可以有效促进胶原蛋白和弹性蛋白的合成。随着年龄的增长，这类"青春元素"开始流失，所以你会觉得皱纹、松弛问题越来越明显，脸越来越垮。射频的作用就是针对以上烦恼，帮助肌肤逐渐恢复弹性，使时光"逆流"。

　　理论上讲得通，实际效果到底如何呢？是否安全？以热玛吉、热拉提、黄金微针为代表的院线"抗衰"设备通过以上原理确实有效，但有几个真相你必须了解。

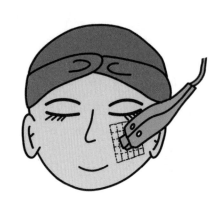

（1）医院的仪器设备都是正规的。毋庸置疑，任何操作都包含两方面，设备是其一，更重要的是操作者。而医院医生的专业性能够保证疗效的最大发挥，从选择适应证、参数，到操作过程的经验加持，以及术后问题的及时处理等。医疗美容领域有一个词叫作"不破不立"，说的就是想要效果好，就得承担同等程度的伴随风险，比如术中疼痛、术后红肿等，就像玩跷跷板，讲究的是平衡。专业医生的价值就在于帮你去做最适合的平衡，并不是能量越大，结局越好，也不是越安全越好。术前有效沟通会让你与医生达成共识，对最后疗效的预判准确，也有利于你术后有的放矢地护理。总之，让你的钱花得值，毕竟治疗费用不便宜。

（2）对疗效有正确、客观的理解。并不是接受了"抗衰"治疗就会让你一夜回春。衰老是个无法阻挡的过程，我们只是帮你在衰老的路上设置拦路虎，让它暂停或者走点儿回头路，并不会让时光停滞。虽然每一次治疗都会让你感觉自己年轻了，但效果不会长久。所以这类治疗是个持续性过程，也并不是说会有依赖性。所谓的依赖，只是你一旦变得更年轻，就很难再接受不做任何干涉的自然衰老过程而已，的确是因人而异的。因此，具体的疗程取决于你对衰老的态度。

（3）皮肤衰老的表现虽然以松弛、皱纹、下垂较明显，但各种赘生物、色斑、毛孔等都是减分项。所以，延缓衰老的治疗也是多方面、多靶点的，射频力所能及的优势在于紧致，而非其他。不要神话这类项目，并不是你做个热玛吉就像开了美颜一样，色斑、皱纹该在的仍在，要综合考虑和评估。

（4）关于安全性，前面提及任何治疗都有风险，尽管射频属于无创类项目（不破皮），但由于操作过程会产生大量的热能，而且要求温度达到一个最低限度才能有效，所以就会存在热能过量带来的风险。也就是局部长时间红肿，甚至烫伤，极端情况下，患者治疗结束后会发现局部皮肤起水疱，这就非常容易遗留局部色素沉着及瘢痕。规避风险包括正规操作，操作者的丰富经验，以及术后个人的护理。有人做好治疗就觉得万事大吉，晚上去蒸个桑拿、泡个酒吧，或者立马去做剧烈的有氧运动，都可能会增加风险。至于电磁波是否有辐射，是否会致癌的问题，我们只想一言以蔽之，不要以讹传讹。

有人也会问，既然去医院做治疗又花时间又费钱，我是不是可以买个家用仪器，更简单方便呢？打开购物平台，确实有铺天盖地的各种型号的

家用美容仪，但不是所有号称"射频仪器"的都是正规射频，买家秀与卖家秀的区别不是一点点。首先，你要选择正规品牌的产品，其次，不要过度依赖家用仪器。想想看，院线级别百万元以上的设备疗效也仅仅限于1~2 mm的提拉紧致度，且效果不能维持很久，家用仪器能量的期望值又能有多高呢？家用设备主打一个"安全"，就是无论你怎

么用，都不会出问题。这就跟我们追求的"不破不立"相矛盾，其中冷暖，自行体会吧。

6. 聚焦超声

延缓衰老的利器——聚焦超声

本节的主题超声，不是生二胎、生三胎的"超生"，也不是大家熟悉的体检项目B超，而是皮肤科用于延缓衰老的利器之一——聚焦超声，最有代表性的就是超声刀和超声炮。跟B超类似，但非检查而是用于治疗，利用超过20 000赫兹（Hz）的高频率超声波的穿透性和可聚焦性，精准加热皮下浅表肌肉腱膜系统（SMAS筋膜层）、真皮深层、真皮层，热能让筋膜收紧，令老化的胶原蛋白收缩，并刺激胶原蛋白增生和重组，快速紧致皮肤，解决皮肤衰老导致的松、垂、皱纹等问题。就像一块猪肉，本来松松垮垮，可是你把它放在炉子上一烤，高温作用下"嗞嗞"作响，猪肉即刻变得紧实致密了。

一、原理

我们的脸会随着岁月的流逝不断出

现衰老的征象，其中最显老的问题就是皮肤松弛下垂。重要的原因之一在于真皮内胶原蛋白的大量流失，排列紊乱，稳定性降低。胶原蛋白只能靠自身合成，无法从外界直接补充。聚焦超声在这一关键点上是个好帮手，热量传递到皮肤深层，

又不会因为热而伤到皮肤，恰到好处的温度会刺激皮肤的自我修复系统，刺激已经老化的胶原纤维收缩并激发胶原蛋白增生和重组，逐步构建新的胶原蛋白纤维网。皮肤真皮层及浅表肌肉腱膜系统伴随年龄出现的松弛也是皮肤垮掉的元凶之一，聚焦的超声波能量在皮下变成细微的"热点"，这近万个凝结点联合，作用温度可以达到70℃左右，能够产生即时性的收缩效果，精确地改善皮肤的支撑结构，从皮肤深层提升、拉紧，从而达到更加长效的刺激延缓衰老的效果。安全方面，你也可以相对放心，由于整个过程不破皮，基本不用有瘢痕等风险的担忧。

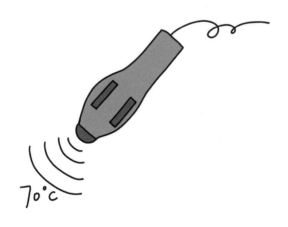

二、治疗须知

要说问题，也有，就是疼痛感。超声刀的治疗过程会很痛，是那种高温灼痛感。超声炮号称无痛，但完全无痛，怎么可能做到呢？只是相对能够耐受而已。不过，疼痛感可以通过治疗前延长敷表面麻醉剂的时间，配合口服镇痛药，以及术中冷喷和术后冷敷等缓解，将疼痛控制在相对可以接受的范围内。为了美，总要付出点儿代价，这样想想，是不是会好一些？

因为超声类项目机器成本高、耗材贵，所以价格绝对不便宜，特别高的治疗费不一定就真的靠谱，但如果价格过于低，肯定有问题，谁会做赔本的生意呢？所以你要有火眼金睛，更不要有贪便宜的心理，毕竟这个行业稍微弄虚作假就可能有暴利，可能会有唯利是图的人钻空子。一定要提防上当受骗，损失点儿钱是小事儿，拿自己的脸开玩笑就是大事了。

　　虽然超声类项目能够有效延缓衰老，但绝不是做得越多越好，也不是谁都适合做，需要严格掌握适应证。比如本来脸就很瘦的人如果过度治疗，虽然仅存的皮肤组织是紧致了，但因为脂肪偏少，可能会出现面部不该有的凹陷，视觉上反而会更显老。医疗美容不仅是狠活儿，更是个技术活儿，要讲究科学。想科学、健康地变美，一定要认准正规的医院和靠谱的医生，否则，怕你哭都来不及。

7. 肉毒素

美丽的"毒药"

　　热闹缤纷的美容市场，品类繁杂，总会让大家眼花缭乱，心生困惑。要问皮肤科医生偏爱哪一种？我把肉毒素放在第一位，名次先后的标准无非是有效性和安全性的平衡，而肉毒素在这方面称得上速效、安全、无不良反应，前提是有正规医院的正规治疗。

一、原理

　　肉毒素的全名叫作肉毒杆菌毒素，来自一种不需要氧气就可以存活的细菌，专治神经系统各种不服，到哪儿就麻痹哪儿的神经。这项技能被开发，源于数十年前的偶然发现：通过松弛肌肉可以治疗斜视。后来画风有点儿偏离主线，它在医疗美容领域越来越火，成为皮肤科医生临床应用的主力军。

肉毒素有很多种分型，皮肤科用于除皱的是 A 型肉毒素。既然它的名字有毒，是不是真的有毒呢？确实有毒，之所以能够抑制肌肉运动，就是因为它作用于神经肌肉接头处，这个部位需要一种乙酰胆碱的递质作为信号来发号施令。肉毒素一到，屏蔽了信号传导，结局就是大脑发出的肌肉收缩的指令无法到达肌肉，有点儿"将在外，军令有所不受"的意思。

肉毒素起效很快，一般注射后 1 周左右就可以起效。你明明很苦恼，愁眉不展，但别人看起来并没有那么忧郁。如果一点儿面部表情都没有了，那也很可怕。所以专业的医生会通过注射量和注射位点的精准控制来调节肉毒素的效果，让你既能够通过表情动作来表达感情，又不至于那么夸张，导致大量皱纹出现。比如你开心地大笑，明明原来的眼角堆满鱼尾纹，眼

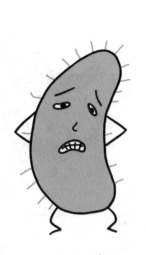

睛也眯成一条缝，但科学的肉毒素注射会让你即便肆意大笑，也没有那么多难看的皱纹。这其实只是肉毒素注射的好处之一，更大的获益在于长久地抑制肌肉过度收缩，可以有效预防及延缓静态纹的出现。为什么年龄大了，皱纹会在眼角、额头等表情丰富的位置更明显？就是由于动态纹的累积转变为静态纹。也就是在你面无表情的时候，皱纹也非常显眼。静态纹是面部衰老的重要标志之一。注射肉毒素的最大好处就是延缓皱纹的形成速度，让你看起来更年轻。所以肉毒素注射也被形象地称为"除皱针"。

肉毒素的作用不是永久的，会随着代谢不断被消耗掉，一般周期为 6 个月左右，所以肉毒素注射需要每 6 个月左右重复进行，因为那个时候，皱纹再现，皮肤状态又被打回原形。各位倒不必担心依赖性的问题，你不是对肉毒素本身依赖，而是对肉毒素带给你的年轻化状态上瘾。毕竟谁愿意明明有显年轻的机会还要接受自己变老呢？

二、治疗须知

肉毒素最常应用的注射部位在上面部，也就是表情最丰富的部位，比如对抗眼角的鱼尾纹，抬眉毛的额纹，皱眉头时出现的"川"字纹等。其实现在肉毒素的用处会更广泛，咬肌肥大造成的方脸可以通过抑制咬肌的收缩来重塑面部轮廓，瘦脸效果一级棒，而且后续通过咀嚼习惯的改善，可以一直保持小"V"型脸的状态。另外，有些女孩儿不满意自己的方肩，也会选择注射肉毒素进行调整。更有甚者，会用来瘦小腿，肉毒素针对改善小腿后侧的腓肠肌肥大也立竿见影。但说句心里话，皮肤科医生不建议用来瘦小腿，一方面用量比较大，会有一定风险；另一方面，小腿肌肉人为性萎缩会造成下肢无力，并不利于健康。

说到用量，就涉及安全的问题。肉毒素的半数致死量（意思是应用这个剂量，有一半的人会死亡）是 2000 单位，应用 500 单位以下均是安全的。常规的面部除皱、瘦脸每次不会超过 100 单位，瘦腿的需要量大概在 200 单位。需要小心点儿，不要一次性注射所有部位。市面上获批的正规药物种类非常有限，所以一定要提防肉毒素假药。假药最大的风险在于标注的单位量与实际不符。超剂量使用的风险及后果严重，所以一定要到正规医院寻求治疗，别拿自己的命开玩笑。

正规治疗不至于有很大的风险，但有个问题可能会出现，就是医生的经验和审美参差不齐，导致注射后的效果可能跟你的预期不匹配。注射量太多，脸会有点儿僵，皮笑肉不笑的，看起来像假面，注射量不足又觉得没达到效果。总之，涉及美的治疗应多与医生沟通。好的方面是，即使你不太满意，也是有机会调整的，毕竟 4~6 个月后，你还是会被打回原形。

肉毒素注射后的注意事项极少，打完立马走人，不影响正常生活。唯一要提醒你的是，术后当天别喝酒、别蒸桑拿、别热水烫洗，以防止局部出现淤青。另外，也别过度揉搓及刺激注射点，否则，药物弥散过度会出现你不想要的效果，这时候就怪不着医生的技术了。

8. 玻尿酸

让你的脸 "嘭嘭嘭"

玻尿酸是大家太熟悉的明星产品，在医疗美容领域作用极其广泛。无论是填充微整，还是中胚层养护，抑或是每天都离不开的护肤品，都能看到它的身影。那么问题来了，玻尿酸到底是真百搭，还是被滥用？

玻尿酸的起源可以追溯到 20 世纪 30 年代，迈耶（Karl Meyer）和帕尔默（John Palmer）两位科学家在 1934 年研究眼球玻璃体时，首次发现这种特殊物质，将其命名为"玻尿酸"，只为纪念它与玻璃体相关。后来证实玻尿酸的本质属于多糖类聚合物，葡萄糖胺及葡萄糖醛酸单元沿着多

糖链交替排列，这种化学结构特点使其具有高度的可溶性和生物降解性。另外，结构中大量的羟基和羧基能够吸引并锁住水分子，1 个分子的玻尿酸可以吸附 500~1000 个水分子到其周围，强效保湿。玻尿酸分子中的负电荷有助于在皮肤表面形成水凝胶结构，进一步锁水，并增加皮肤的柔软度和光泽度。其实玻尿酸又叫作透明质酸，本身也是皮肤组织内存在的生理性物质。无论是内源性还是外源性玻尿酸，都会逐渐被酶类降解为小分子葡萄糖胺和葡萄糖醛酸，最终被身体代谢和排出，所以不会在体内造成长期的负担，主打一个安全可靠。

小分子玻尿酸最常被选择用在各种护肤品中，尤其是保湿类产品，确实功效非凡。其可以有效改善皮肤干燥，并在一定程度上增强皮肤屏障功能，防止水分蒸发，是干敏肌人群的必备良伴。但若说清洁类产品中也添加玻尿酸成分，还真看不出它的意义在哪里，不评论。皮肤科最常使用玻尿酸作为水光注射的产品，看中的也是其强大的吸水性和安全性。通过微针直接将其注射到真皮层，就像在皮肤内植入一个个海绵球，帮助水分不过度流失，还能将同时补充进去的水分留住。定期接受治疗能够有效改善皮肤干燥、细纹等问题，让肌肤看起来水嘟嘟的。但作为破皮操作类项目，会存在一些安全隐患，比如消毒不严格、添加过多其他成分造成吸收不良等。还是那句话：医疗美容有风险，选择需谨慎，尤其要强调正规。

分子量是区别玻尿酸的一个重要指标。此外，交联状态也让玻尿酸改头换面，老酒换新瓶。高交联的玻尿酸产品具有一定硬度，可以塑形，所以用于填充皮肤的凹陷，使皮肤恢复光滑和丰满，改善面部轮廓。但不同于其他填充剂，玻尿酸还可以与细胞表面受体结合，激活细胞内的信号传导途径，促进胶原蛋白和弹力纤维的合成，进而改善皮肤弹性和紧致度。

另外，玻尿酸通过一定程度地抑制酪氨酸酶活性，可以减少黑色素的产生，改善肤色不均。当然这只是附加值，并非主打功效。

玻尿酸确实是个好东西，但建议只有在内产供不应求时，才有必要人为添加。作为一项治疗手段，再安全也要经过专业医生的指导和评估，以确保万无一失。

下篇

肌肤的四季

1. 概 述

送你春季护肤锦囊

"春眠不觉晓，处处闻啼鸟。"大地复苏的季节，肌肤也逐渐"苏醒"。寒冬腊月里的肌肤干燥、敏感，时刻经受着考验。暖风拂面，可空气的湿润度还不足以让皮肤喝饱水，仍然时不时地干燥起皮。这个季节该怎样护

肤？让我们一起走进春天，科学护肤。

一、正确清洁是科学护肤好的开始

春天紫外线逐渐发威，空气中弥漫着各种容易致敏的悬浮颗粒，所以皮肤特别容易过敏。及时清洁残留在皮肤表面的致敏物，能在一定程度上起到缓解或预防的作用。洁面时，建议选择温和、无刺激的产品或成分，此乃避雷第一名。清洁虽重要，但也忌过度，以免破坏皮肤屏障，需要小心翼翼地做平衡。洁面后的保湿同样不可忽视，春季肌肤的水分蒸发速度较快，因此保湿成为春季护肤的重中之重。选择适合春季的保湿产品，比如含有神经酰胺、维生素 B_5 等的保湿乳液或凝露，能帮助肌肤锁住水分，更好地维持水润状态。同时，多吃水果蔬菜等富含维生素的食物也有助于肌肤补水保湿。

二、抗氧化是另一个守护春日活力的护肤关键

春天阳光明媚，紫外线刺激皮肤产生大量自由基，加速氧化应激反应，加快皮肤衰老。对付紫外线最直接的方法就是"ABC"原则，尽量躲着阳光；不得不暴露在阳光下时，记得物理防晒 + 化学防晒，一个都不能少。预防只是一方面，另一方面要对抗氧化过程，维生素 C 和维生素 E 是优秀的抗氧化剂，可有效中和自由基，延缓皮肤老化。可以在选择护肤品时特别留意那些添加了抗氧化成分的，让皮肤在延缓衰老的路上如虎添翼。

三、因地制宜，个性化护肤

同是春季，地域不同，气候也有差异。另外，每个人的生活习惯、工

作性质都不同，所以护肤也要个性化。在干燥的北方，人们应把保湿放在第一位；而在相对湿润的南方，人们则要重视适当控油及预防过敏。每天吃什么与皮肤健康息息相关，春季的水果蔬菜要比漫长的冬季更丰富，食谱可以多点儿选择。富含维生素和抗氧化成分的食物，如番茄、胡萝卜、橙子等，都有助于提供全面的营养，保持肌肤的良好状态。

四、春季是最易过敏的季节

春天是所有季节里最容易发生过敏的时段。为什么？因为潜在的过敏原实在太多了。比如紫外线一直有，但春光明媚，其强度骤增，且由于没

有达到夏天那么强烈，所以大家更容易忽视防晒，结果诱发紫外线过敏。春天的气候还不稳定，温度、湿度波动大，忽冷忽热的天气都是过敏诱因。春暖花开的季节也容易滋生各种漂浮物，比如粉尘、花粉、霉菌、尘螨、柳絮等，这些都是常见的过敏原。预防过敏的关键就是明确并尽量避免接触过敏原。说起来容易，做到难！有些人很幸运，能够找到自己过敏的原因，比如一晒太阳，皮肤就痒，还起皮疹，那就要严格防晒。但有一说一，能够如此"幸运"的毕竟是少数，大部分人很难确定自己的过敏原，也许不止一种，也许常规检测无法排查到。还有另外一部分人就更"郁闷"了，明明知道导致自己过敏的原因是什么，就是眼睁睁地看着而无法避免，比如粉尘，除非每天待在无菌房间里，这显然不现实。所以，当你无法避免

或对为何过敏仍感到茫然无措时，能做的就是加强皮肤的保湿、防晒及屏障修复。要知道，过敏反应无非就是过敏原的刺激诱发了免疫系统的识别应答，以至于反应过度。加强屏障修复，起码能在一定程度上减弱二者"短兵相接"的机会，缓解病情。

如若仍不奏效，别忘了，还有药呢！目前绝大部分的过敏反应都可以通过抗组胺或抗炎药物有效控制，所以还有什么好担心的呢？春季是一个美妙的季节，花开草长，充满惊喜，掌握科学的护肤法则，结合健康的饮食和生活方式，让肌肤熠熠生辉，给美丽加分！

$2.$　过敏性皮炎

漫长的季节，反复的过敏

上一节介绍过春季是过敏的高发季节，危险四处潜伏。不信你看，街边的梧桐树上，星星点点的小小黄毛已经悄无声息地飘落；柳絮也纷纷扬扬，好似毛毛雨。人们在路上走走，就会不觉地打起喷嚏，甚至满面红光，抓耳挠腮。可是这方还未唱罢，那方烽烟又起，草丛中忽然窜出的"哈基米"（可爱的小动

物）、汽车驶过扬起的风尘，让人防不胜防。这漫长的过敏季，如何熬出头？

一、环境因素

季节相关性过敏大多源于特定季节的空气漂浮物及温度。有部分学者将"过敏季节"的延长归咎于全球气候变暖。伴随着气温的升高，植物拥有了更长的花期和生长期，各类花粉、植物代谢产物持续不断地产生，刺激着易感人群的皮肤黏膜，就像连续剧一样难得剧终。另外，适宜的温度也会给昆虫、微生物等"营造"更为舒适的生长及繁殖环境。想象一下，房间某个隐秘的角落，数以亿计的螨虫正蓄势待发地准备对"天选过敏儿"发动进攻，想想都觉得痒。

二、治疗方式

为了能够在这个被漫长化的"过敏季节"拥有更高的生活质量，大家被迫展开各种招数来自救和他救。过敏症状源于过敏原诱发的炎症因子释放，其中一个重要开关就是组胺 H_1 受体，此发现给抗组胺药物提供了有效靶点。生活中，大家常用的抗过敏药，比如氯雷他定、西替利嗪、依巴斯汀等，之所以有效，就是基于这个理论基础。特别在针对反复性过敏的问题上，选择 1~2 种敏感有效的抗组胺药坚持使用，就可以有效控制症状，即使身处过敏原的包围中，也不至于太难受，但前提是持续用药。对付慢性过敏，要像管理高血压、糖尿病等慢性病一样，长期做"药罐子"。

　　善于打"持久战"的抗组胺药虽然安全，但并非百分之百可靠。最常见的"附赠"问题是对中枢神经系统的抑制作用。很多人服药后总觉得昏昏沉沉、不清醒，打瞌睡、想睡觉，甚至喝咖啡都无法提神。这种无法自主控制的困意在生活中非常危险，尤其是在一些特殊职业，比如高空作业或开长途车，必须及时调整或慎重选择用药。另外，大部分药物经肝脏或肾脏代谢，所以有肝肾功能障碍等基础疾病的人群要当心，应尽量选择对自己相对安全的药物。这个你得咨询医生，别自行去药房购药，盲目自信。

　　虽然过敏反应大部分的捣乱分子是组胺，但也有组胺偷懒、其他致炎因子上岗的情况。这时候单靠抗组胺药无法平乱，必须联合用药，请抗炎药物出马，才能稳定局面。

　　传统药物还无法解决问题的小部分人群也别绝望，各种新型的小分子药物和生物制剂已让春季易过敏的你看到治疗的春天。这些新药不仅有效，还很安全，让漫长的"过敏季节"不再漫长。

3. 脂溢性皮炎

油腻的标签别乱贴

人到中年，就怕被贴上"油腻"的标签。脂溢性皮炎自带"油腻"光环，与很多中年人不期而遇。

一、临床表现

单听名字，知道脂溢性皮炎肯定与皮脂腺有千丝万缕的联系。皮脂腺的分泌每个人都会经历两次高峰阶段：首次在婴儿阶段，因为来自母体的（性）激素还没完全消退；第二次时间较长，青春期开始，生理性的雄激素水平增高，刺激皮脂腺大量分泌。因此，这个阶段的孩子没有几个不"油腻"。

单纯的油多并不足以致病。皮脂腺分泌物由胆固醇、三酰甘油、石蜡与角鲨烯构成，分泌增多，伴有比例失衡，将进一步诱导皮肤表面的马拉色菌过度繁殖。于是，脂溢性皮炎或"青春痘"就这样悄然发生。在此基础上，疲劳、熬夜、情绪焦虑、感染，包括不良饮食习惯等也会诱发或加重病情。因此，部分皮脂腺分泌功能依旧旺盛的人群及压力大的中年男性群体也高发。你看，油腻的中年（男）人不无道理。油虽是发病关键，但只是必要条件之一，而非唯一条件。不那么油的你也别沾沾自喜，只要有基础，总有一天会中招。

来对号入个座吧。如果你的皮脂溢出部位（头皮、眉间、鼻翼或者胸背部等）逐渐出现油腻性的红斑、鳞屑，偶尔还会感觉有点儿痒痒的，总想用手去抓，那多半要考虑脂溢性皮炎的可能。请注意，脂溢性皮炎可是个慢性子且长情，绝不会在一两天内玩快闪，即消失无踪。如果自己无法确定，最靠谱的做法就是来医院就诊，请专业的皮肤科医生帮助你明确诊断。

二、治疗方式

脂溢性皮炎是否需要治疗，取决于它对你的生活和健康的影响到底有多大。发病部位以面部为主，皮疹一目了然，颜值下线首当其冲；其次头

皮和脸是一张皮，一甩头，头皮屑"哗啦哗啦"往下掉，也是让人无法忍受的点；头皮的油腻性土壤更容易继发细菌、真菌感染，继而出现毛囊炎，严重的可以发展到流脓或秃头的程度；其他部位的皮疹也非"善茬"，比如躯干、腋下、外阴、腹股沟等，油腻性的红斑鳞屑，加上反复摩擦刺激导致的皮肤破溃、糜烂、渗出。就问你还敢听之任之，被它牵着鼻子走吗？

（一）非药物治疗

正规治疗由医生负责，而你需要积极配合。良好的生活习惯不仅会让疗效加倍，更重要的是可以避免复发。首先早睡早起、生活规律是普遍适用于很多疾病的原则。其次要管住嘴，太甜太油的食物是皮脂腺工作的催

化剂；乙醇及辛辣刺激性食物不但会刺激分泌，更能通过扩张血管而加重病情。最后要管理好情绪，焦虑、抑郁的情绪都对病情不友好。有些人总想当然地希望通过勤洗脸，把油腻性的红斑鳞屑彻底去除，别太天真！炎症不控制好，哪有那么容易？过度清洁还会损伤皮肤屏障功能，让病情"变本加厉"。清洁是必要的，但请适度。水温忌烫也别太冰，洁面沐浴产品温和、安全，洗后记得选择温润控油的保湿剂涂抹，从而有助于屏障功能的修复。

（二）药物治疗

虽然很多药物是非处方药（OTC），但用药前还是建议你去医院让医生面诊后给出建议，后续长期维持治疗，可以遵循控油、抗炎、杀菌、止

痒这几大原则，活学活用。

硫黄、水杨酸类成分能够有效抑菌、剥脱角质、抗炎，可以作为日常必备的选择。钙调磷酸酶抑制剂等非激素类抗炎药相对安全，可以作为面部或者皱褶隐私部位的首选。外用激素抗炎效果强大，但尽量选择中效或弱效的，仅建议短期用于炎症较重的皮损；如果局部有渗出、糜烂，先用溶液做局部湿敷；有肿痛等感染征象时，及时加用抗生素制剂；头皮的脂溢性皮炎需要不定期更换诸如含有酮康唑、二硫化硒、吡硫翁锌或者水杨酸类成分的洗剂，作为头发和头皮护理伴侣。

这里只建议病情严重的情况下短期遵医嘱选择口服药，比如瘙痒剧烈时应配合止痒镇静，适当补充 B 族维生素或锌剂；出现继发性真菌感染或泛发性损害时，需要对症抗真菌；有脓疱等细菌感染时，要针对细菌治疗；范围特别大或者炎症反应剧烈时，也可以短期口服中小剂量糖皮质激素。总之，该不该吃药，吃什么药，都得听医生的。

如果你的脸实在太油腻，控油就是日常护理的关键，在排除禁忌证的基础上，化学剥脱术也是个不错的进阶选择，但必须在医院由专业人员操作。

对付油腻，得多管齐下，做好打"持久战"的准备，方能奏效。

4. 痤 疮

"青春痘"的外用药到底应该怎么选

说到痤疮，真是一肚子的眼泪，其发病率应该位居所有皮肤病之首。青春期爆"青春痘"是生理现象，大部分少男少女都难逃梦魇，只是轻重有别而已；好容易度过青春期，奔三朝四了，无奈要担心的事儿一大堆，比如毕业、工作、家庭、买房、买车，日操劳，夜加班，"痘痘"忠实相伴。终于熬到无痘可爆的年纪，又该为下一代脸上的"青春痘"发愁。这该死的轮回啊！

一、总体原则

痤疮是一个谱系皮肤病，因为皮损实在花样太多，从轻度的微粉刺、白头、黑头，到丘疹、脓疱、结节、囊肿，甚至遗留下的痘坑、痘印，统统叫作痤疮。这个概念，请大家一定弄清楚。既然是皮肤问题，外用药肯定是首选。正因为皮疹类型多样，外用药的选择依据就是对症施治；针对具体的皮疹类型选择最适合的，根本不存在"包治百病"的神药。

轻度痤疮单用外用药就能解决，而中、重度痤疮虽然需要系统治疗，但外用药也是一个有用的神助攻。毕竟外用药在局部皮肤吸收快，见效也快，尤其是有些人因过敏、不耐受等情况无法使用口服药时，外用药就是主旋律。

二、药物及治疗选择

（一）阿达帕林

如果进行排序，无论从作用种类还是强度来看，阿达帕林都是老大，有"痘痘"的建议都备一支，迟早用得上。阿达帕林属于第三代维生素 A 酸类化合物，与皮肤细胞上的特异性受体结合，具有强大的抗角化能力，可以促进毛囊上皮细胞正常分化，从而减少微小粉刺形成，从根源上捣毁老巢。同时，抗炎作用让它对丘疹、脓疱类皮损也能起到有的放矢的作用。所以，你看它管的范围是不是还算挺广的？

阿达帕林确实有效，但刺激性也强，很多人初始使用时都会出现皮肤干燥、脱屑、轻度瘙痒、灼伤或刺痛等反应，虽不至于太严重，也会影响感受度。一个要点要记牢，就是要点涂，即只涂在皮损的顶端，避免接触正常皮肤。涂药前，建议用保湿剂打底，而非裸脸直接上药。如果还不耐受，可先尝试减少用药频次，再不行，只能停药换药了。阿达帕林也有软肋，就是"见光死"，它在紫外线照射下会因分解而影响疗效，所以记得在晚上或睡前用药。

（二）过氧化苯甲酰

过氧化苯甲酰本质是一种氧化剂，具有溶解角质的作用，同时能杀菌，所以也是挑大梁的角色。如果有较多粉刺、丘疹，还有感染倾向的情况，那就是最适合它的主场，经常跟老大（阿达帕林）双剑合一，早晚配合。跟着老大混的小弟有样学样，不良反应也很相似，这时候一定要加强保湿，并注意使用浓度和使用频次。

（三）抗生素

"痘痘"的发病重要原因之一是继发以痤疮丙酸杆菌为主的细菌感染，由此加重炎症。所以有针对性的抗生素制剂也必不可少，并能独当一面。

这类药物选择很多，无论是经典的红霉素、金霉素、克林霉素，还是目前用得较多的莫匹罗星、夫西地酸、复方多黏菌素 B 等，都可以尝试。但鉴于细菌容易产生耐药性的问题，建议大家别只盯着某一种药物到底，而要经常更换品种，跟细菌打"游击战"。

（四）其他

针对特别严重的结节、囊肿的外用药选择，以维生素 A 酸类为主，但治疗肯定不能以外用药为主，及时咨询医生是正道。有时候，我们也会被咨询某种药物是否能用，其中，很多包含中药成分。这个真不好说，只要是正规上市的药物，应该都是相对安全的。至于对你的情况是否适用，还是要自己尝试。因为中药成分的作用机制太复杂，有一点需要提醒大家，一定要注意不良反应问题，成分越多，越容易发生过敏。

痘印大部分属于炎症后色素沉着，可能会伴有局部未消退的炎症，所以早期痘印都是红红的。这时候得来点儿猛药，比如脉冲强光或者激光，等到完全退火，仅剩下色素，则可以选择比如积雪苷霜、维生素 A 酸软膏（临床也称维 A 酸乳膏）等帮助缩短消退过程，但也是要花时间的，得有耐心。至于痘坑，就不是耐心的问题了，一旦形成就无法自行恢复，除了时间，还得花钱去拯救。最聪明的预防方法是早期发"痘痘"时，别抠、别挤、别刺激，科学治疗方能有效预防痘坑，避免后患。

虽然以上涉及的药物大部分都能够自己买到，但真正较真该用哪种、用多久、怎么用，还是建议先咨询医生，在其科学的指导下正规治疗。

5. 带状疱疹

有一种会呼吸的痛叫作带状疱疹

"想念是会呼吸的痛，它活在我身上所有的角落，哼你爱的歌会痛、看你写的信会痛、连沉默也痛。"

——梁静茹《会呼吸的痛》

皮肤科就有这么一种痛，可以痛到全身每个角落，那就是带状疱疹。

一、发病机制

究其病因，带状疱疹是一种病毒感染。很多人感到非常困惑：平时明明挺注意卫生，到底是怎么得这个病的？其实你所不知道的是，这个病毒虽然是外界传染的，但实际上在你身上已经潜伏很久。致病原叫作水痘－带状疱疹病毒。没错，它与水痘师出同门，当年师兄（水痘）感染病毒后横空出世，无论有无症状，都把病毒带到体内，为日后师弟（带状疱疹）的出道埋下伏笔。多年来，病毒在机体强大的免疫系统监视下不敢造次，可一旦机体免疫力低到病毒认为是繁衍子嗣的好时机时，大量复制后的病毒就从隐秘的脊神经根沿着神经节一路向下，最终到达神经末梢。路途中，病毒夹风带雨的破坏力会损伤神经，导致疼痛，因此很多患者往往先有疼痛；而当大量病毒到达终点——神经末梢时，反应性地诱发皮肤红斑、水疱，这时才容易被确诊。在发皮疹之前，你是不是因为这痛那痛到各个专科就诊了？因此该病容易被耽误，甚至误诊。别怪医生没经验，实在是这病毒太狡猾。

二、临床表现

既然是全身各处都有的痛，那就说明皮疹或疼痛可以发生在任何部位，比如胸背、腰腹、头、面、颈、骶尾、上肢（手臂）和下肢（腿）等。有人还发生在手心、脚底儿。但凡神经能覆盖的区域，都是该病毒肆虐的地盘，无理、无法、无天。

绝大部分皮疹都是单侧分布，很少对称或泛发，除非免疫力消极怠工到"躺平"，可能会导致严重的泛发性感染。皮损面积并不是判断疾病严

重程度及预后的重要标准。所以插入个辟谣：民间流传的所谓腰腹部的"腰缠龙"或"蛇缠腰"，绕上一圈会死，根本没有任何科学依据。人吓人，才吓死人。

既然是病毒感染，那会不会传染？这也是很多人担心的问题之一。应该这样理解：带状疱疹与水痘不同，不会通过呼吸道传播，但活动期的水疱内确实有一定的病毒载量，那就有机会通过直接接触，传染给没有接种过水痘疫苗或者没出过水痘的人。所以发疹时还是要当心，尤其是有小宝宝或者老年人的家庭，可能会通过亲密接触而发生传染。

很多人想当然地认为，患过带状疱疹就会终身免疫，不再复发。这又错了。我可以负责任地告诉你，带状疱疹会复发，尤其是在伴有高血压、糖尿病、慢性阻塞性肺病等慢性疾病的人群和免疫功能低下的人群，且恶性肿瘤患者的复发风险会更高。

带状疱疹虽然可发生在任何年龄阶段，但它还是偏爱老年人。因为老年人的免疫力生理性降低，同时可能合并多种基础疾病。人类免疫缺陷病毒（HIV）感染者更容易中招，症状也更重。其实，任何导致免疫力下降的原因都可以成为带状疱疹的诱因，包括感冒、手术、熬夜、过度劳累等。

三、治疗和预防

尽管该病发生率很高，但也别害怕，治疗原则世界统一，思路非常清晰：

尽早就诊，接受正规抗病毒、止痛、营养神经治疗。还可以根据实际情况，配合免疫增强剂、抗炎药、止痛药，以及红外线、氦氖激光、微波等物理疗法等，帮助快速缓解症状，加速痊愈。不过不得不承认，由于很多人确诊不及时或者用药不正规，以及本身的免疫功能等问题，即使经过正规治疗，还是会出现带状疱疹神经痛的后遗症。这是一种堪比甚至重于分娩痛级别的疼痛，发生率可高达 9%~34%，而 30%~50% 的患者疼痛持续超过 1 年，部分甚至达 10 年或更长，非常影响生活质量。所以在正规治疗的同时，我们非常强调及早有效预防，切记！

谈到预防，很多病毒感染性疾病都可以通过注射疫苗来有效预防感染的发生，比如新型冠状病毒肺炎。带状疱疹也一样，鉴于疫苗长久、稳定、有效的预防能力，建议易感人群积极接受重组带状疱疹疫苗注射。毕竟，无痛的人生才更精彩。

6. 单纯疱疹

嘴巴经常长疱就是上火吗

说起单纯疱疹，大家应该都不陌生，几乎每个人都有过口角长疼痛性小水疱的经历。这其实就是由于免疫功能降低诱发的单纯疱疹病毒感染。据不完全统计，高达 95% 的成年人都感染过单纯疱疹病毒，这应该是世界上最流行的感染之一。单纯疱疹病毒有两种类型：1 型（HSV-1）单纯疱疹病毒和 2 型（HSV-2）单纯疱疹病毒。HSV-1 型病毒主要是嘴角长疱的元凶。HSV-2 型病毒主要是大多数生殖器疱疹的罪魁祸首，可以在不同宿主之间通过直接或间接接触传播。二者主场不同，但偶尔也会互换阵地客串。

一、发病机制和临床表现

单纯疱疹病毒是潜伏高手，当第一次与我们亲密接触时，往往隐秘到让人无法及时察觉，这可以看作它们为了在皮肤上定居前的踩点阶段。这时，90% 的感染者并不会出现明显异常，也给了病毒可乘之机。渐渐地，病毒沿外周感觉神经逆行并继续潜伏，直至遇到合适的"时机"才暴露"本性"。所谓"时机"，包括过度的紫外线照射使皮肤屏障受损、发热、感冒、劳累等导致机体免疫力低下等，病毒从潜伏状态重新沿感觉神经到达皮肤、

黏膜等部位而发病。敏感的人群会在
早期感到局部阵发性刺痛、发痒、灼
热等。早期预警是好事儿，提醒你尽
早治疗，把症状消灭在萌芽阶段。

HSV-1 型病毒感染发作多位于口
唇周围，局部红斑上有星星点点的小
水疱，多数水疱中央可以见到小小的
凹陷，这是比较典型的症状。口唇黏
膜很薄嫩，导致水疱无法长久留存，
很容易破溃，留下浅小的溃疡面。此溃疡虽然不深，多数也能够愈合，但
这个过程通常会伴有疼痛，甚至让人不敢张嘴，非常影响生活质量。

HSV-2 型感染最常累及生殖器部位，有时候 HSV-1 型病毒也会来凑
热闹。症状与口唇部位相似，只是传播途径不同，所以 HSV-2 型病毒感
染被定义为性传播疾病（STD）。其一旦确诊，医生要填写传染病报告卡
片收集必要信息，请理解并配合医生的工作。

二、预防和治疗

针对感染性疾病，避免接触感染源永远排在第一位。单纯疱疹病毒的
传播途径当然以直接接触为主，因此在感染流行期间，要避免接触单纯疱
疹病毒患者的皮肤或黏膜。正如上文所说，病毒会有潜伏感染，而不表现
出典型的症状，这时候实际上仍具有传染性。也就是说，与看似正常的皮
肤、黏膜亲密接触也可能有被感染的风险，不可掉以轻心。这里提醒年轻
的宝爸宝妈，如果发过单纯疱疹，应注意减少与免疫力仍在建立阶段的宝

宝过于亲密的接触。

已经感染的朋友，无须过于担心。单纯疱疹感染大多具有自限性，一般经过 1~2 周都会自愈，但是嘴唇发疱肿胀实在影响美观，剧烈的疼痛也会让人进食、说话都受影响，有必要干预。诊断明确后，积极的抗病毒治疗确实有助于缩短病程，减轻疼痛。由于皮疹相对局限，抗病毒外用药为首选，比如阿昔洛韦或者喷昔洛韦软膏，任选一种。水疱已经破溃露出溃疡面的建议配合表皮生长因子加速愈合，抗生素软膏用在有细菌感染倾向时。大部分病情不严重的不需要系统治疗，但对于免疫力低或者确实疼痛难忍的情况，也可以短期口服或静脉应用抗病毒药，具体种类、用法及疗程一定要在专业皮肤科医生的指导下进行，别图省事去小诊所诊治。

无论如何积极治疗，单纯疱疹非常容易复发，所以比治疗更重要的是积极预防。敌强我弱、你弱我强，提高自身免疫力才是王道。听妈妈的话，好好吃饭，多睡觉，保持快乐，生活本来就很简单。

第七章　夏季肌肤之烦恼

1. 概　述

享受夏天，安然度夏

夏季是充满阳光和热情的季节，但是如此热烈的氛围，对皮肤并不友好。紫外线、高温、潮湿或干燥等都可能成为针对肌肤的挑战，给皮肤健康埋下隐患。在炎炎夏日应该如何应对，才能保持水润健康的肌肤状态呢？不能消极地"兵来将挡、水来土掩"，我们要有备而战。

一、迎接夏日肌肤挑战

夏天的紫外线最强烈，所以这个季节护肤的重点标签就是"防晒"。适度的紫外线暴露固然会带给我们愉悦的心情，还能促进骨骼强壮，但稍微过量，就可能有日晒伤、晒黑、过敏、晒老，甚至皮肤癌变的风险。另外，

很多皮肤问题都直接或间接地与日晒相关，不得不知，不得不防。防晒的原则还是遵循"ABC"原则，但对于夏天的骄阳，可能"A"最重要，就是能躲就躲、能藏就藏，尽量别把自己毫无防护地置身于炎炎烈日下。肤色健康与否是次要，防护皮肤问题及可能发生的疾病更重要。说到防护，就离不开防晒产品，物理的、化学的，发挥你的想象。即使你把自己包裹成一个"隐者"，防晒霜仍是你最后的防线。所以，爱美的姐妹们夏日出门，还是建议把防晒霜作为"打底"，选择 SPF 值和 PFA 值适当、适合自己肤质的，均匀涂抹在面、颈、手臂等暴露部位。如果需要在户外停留时间较久，记得补涂，因为流汗等会让防晒霜加速消耗。记住，防晒方式最好叠加。

二、清洁保湿与防晒并重

夏天出汗多，出油也多。这是因为高温和高湿度刺激皮脂腺更加旺盛地分泌，所以清洁要加强，保湿同样不可缺。清洁可是护肤的基础，忽略或者过度，以及方法不正确都会对皮肤造成伤害。油多的，总想勤洗脸，让皮肤恢复清爽，殊不知频繁清洁会给皮脂腺发出"产品耗竭，继续加班"的指令，而过强的清洁剂只会破坏皮肤表面的正常菌群，损伤皮肤屏障功能，反而降低皮肤自身的防御能力。因此，即使再油，也别妄想每天洗 10 次来让自己从此不油腻，而是要科学护理和治疗。别以为夏天潮湿，皮肤也湿润，就无须额外保湿。那你还真低估了保湿产品的作用。其实每天的保湿不仅在于缓解干燥，更有助于保持皮肤角质层的水合性和完整性，强韧皮肤屏障。夏季里的高温和空调不但使人口渴，也让皮肤缺水，因此需要及时补充。选择相对轻盈但富含保湿成分的乳液，就是在帮助皮肤保持水润状态。

三、积极抗氧化，有效保青春

防晒，对于大部分人而言，其实更重要的理由是延缓衰老，但衰老的过程不会停止。就本质而言，皮肤衰老就是跟各种氧化自由基作斗争。因此，在生活中可以身体力行地去抗氧化。怎样做？维生素 C 和维生素 E 是出色的抗氧化剂，可中和体内自由基，有效减缓肌肤老化过程。内外兼修，方能双剑合璧，所以你可以选择含有此类成分的护肤品，提升肌肤抵

抗力，保持光彩。尤其对待一些特殊部位，更要额外多些呵护，比如眼睑周围、口唇等，这些位置更容易因为风吹日晒和日常表情动作而出现细纹、干纹及浮肿。另外，饮食上别太挑剔，可以有意识地多吃新鲜的蔬菜、水果、坚果，饮食均衡，营养才能全面。当然，还要避免油腻和含有高热量、高糖分的食物等健康的"隐形杀手"，把你的健康牢牢掌握在自己手里。

四、夏季常见病早预防

夏季是个充满活力的季节，也是各种微生物狂欢的季节，尤其是真菌，潮湿闷热的气候给了它们肆虐的机会，可引起"脚气"（足癣）、"烂裆"（股癣）、"汗斑"（花斑糠疹）、"灰指甲"（甲真菌病）等感染性疾病。但只要稍加注意，勤洗澡、勤换衣物，保持身体干燥，就很容易在气势上战胜它们；再配合外用抗真菌药膏，按疗程使用，"消灭"真菌并不

难。真菌感染难的是预防复发。由于真菌是一种机会致病菌，投机取巧是其本性，你稍不注意，它就很容易卷土重来，尤其是伴有糖尿病等基础疾病的老年人和活泼好动爱出汗的年轻人，在生活中更要多加防范。

除了微生物，夏天的昆虫也会集结总动员。丘疹性荨麻疹就是由与昆虫亲密接触或虫咬诱发的，多表现为皮肤上一串串纺锤形的红色斑丘疹，肿胀明显，瘙痒剧烈。虽然叫作虫咬性皮炎，但你也别冤枉虫子，并不是每一个肿胀的"包"都是它们一口口咬出来的，而是人体对它们叮咬过程中分泌物的一种过敏反应，因此还是要以预防为主。到花草多的地方，尽量穿长袖衣裤；天气热了开空调，尽量少睡凉席，尤其是竹席、草席。虫咬性皮炎能自愈，别去过度刺激就好，如果实在忍受不了瘙痒，局部外用药可以帮助缓解症状。是否选择口服药，得看你身体的敏感状况，如果一直不断地有新发皮疹，该吃药吃药，当机立断。

夏季相关的问题还有很多，无法涵盖所有。但夏天也有夏天的好处，就是实现吃瓜果蔬菜的自由，可以全面补充营养，且气候温暖，可以尽情展露美丽的肌肤。让我们享受夏季的同时，做好护肤，安然度夏。

2. 日光性皮炎

被晒成"熟螃蟹"不要慌

随着阳光由温暖变得炙热，夏季护肤最重要的关键词就是"防晒"。这个理念大家都欣然接受，但有没有深究过，到底我们为什么要防晒？防的又是什么？

光谱根据波长可以分为紫外线、可见光、红外线等，其中的紫外线虽然肉眼不可见，但对皮肤的伤害最大，可以诱发很多问题。到海边度假的你肯定有过晒成"熟螃蟹"，甚至晒到脱皮的经历；有人只要稍微亲密接触阳光，就会起一粒粒的皮疹，瘙痒难忍；长年累月的日光暴露会让我们老得更快。所以，你看户外工作者的脸、颈、手背等曝光部位，往往皱纹更深、更明显，也更容易长斑。欧美人群的皮肤癌发生率远远高于我们亚洲人群，除了有种族决定的基因背景，爱晒太阳、享受日光浴也是诱发皮肤癌变的重要因素之一。

　　无论是变黑还是变老，大家都不会愿意接受，所以平时也都会注意防护，但急性的日晒伤让人防不胜防，而且一旦发生，会经历一段相当长的恢复过程。到底为什么会产生，如何避免，该怎样正确处理？以下就是教你防护日晒伤的宝典。

　　顾名思义，日晒伤就是紫外线照射过量导致的急性皮损。日常防晒虽深入人心，但你认为的紫外线从天而降并不全面。其既然能点亮地球、温暖四季，就会通过云层、水面的折射，以及路面和周围光滑建筑物的反射，从四面八方，立体性地把我们包围。所以，皮肤科医生总强调物理防晒固然重要，但化学防晒（防晒霜）是你最后的底裤（线）。

　　紫外线根据波长，又可以分为短波（UVC）、中波（UVB）、长波（UVA），其中 UVC 在我们的生活中可以忽略不计，波长的短板决定了它终究无法与我们共享地球。UVB 的波长范围为 280~320 nm，占比最多，虽然穿透深度仅仅到达表皮层，但强度足以让皮肤发生急性晒伤反应，尤其是未加防护措施地暴露在日光下，皮肤很快就会出现鲜红色的水肿性红斑、水疱，伴有剧烈的灼热或疼痛感。一般肤色越淡，表皮内所含的黑色素越少，皮

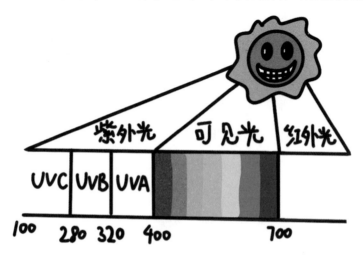

肤的自我保护能力也越弱，不但更容易晒伤，症状也更重。特别严重的，还可能因此出现全身弥漫性水肿，肿到眼睛睁不开，结膜充血，甚至伴有寒战、发热、恶心、心动过速、休克等，这种情况需要紧急抢救。当然了，除非是特殊职业所迫，否则我们不会让自己晒到这种程度，只要皮肤稍稍有反应就会感知到，提醒我们避免继续日晒。

但是，你要知道，等发现皮肤出现红肿疼痛时，热能已经积聚到一定程度。不管如何积极、主动地脱离环境，如果不及时处理，热能还会持续地刺激皮肤组织，让反应继续。那该怎么做呢？

及时脱离日晒环境非常重要。第一步，你做对了。接下来，一定要第一时间给皮肤做冷湿敷，就地取材，冰牛奶、冰水、喷雾都可以，覆盖上湿毛巾或纱布，每隔 2~3 h 重复 1 次，每次 10 min 左右；间歇期可以间断补充舒缓喷雾，配合保湿剂、生长因子等，加速修复。如果局部红肿明显，那早期抗炎非常关键，不要惧怕激素，外用糖皮质激素（GC）有强大的抗炎能力，让你尽快消肿，但面部等敏感部位不要尝试，可以用钙调磷酸

酶类制剂代替。肿胀非常严重的需要短期口服小剂量激素，加速症状消退。为了缩短恢复期，这段时间尽量少出门，老老实实地避开阳光，严格防晒。再积极的治疗也要经历从肿胀，到逐渐消肿、脱皮、色素沉着这样的一系列过程，区别就在于过程长度及后遗症的严重程度。纠正得早且正确，1周左右就能恢复如初。反之，也许黑黝黝的肤色会持续几个月才能慢慢改善。

治疗要正确，预防需当先。如果你不耐受紫外线，那就别逞强，乖乖地做好防晒。通过适当的户外活动，可以不断增强皮肤对紫外线的耐受度，但是需要循序渐进，其间做好必要的防护。

原则是原则，具体问题还是得因人而异，因情况而异。出门晒太阳悠着点儿，得掌握尺度。万一出问题，要及时来医院处理。毕竟专业的事儿还是得找专业的人来做。

3. 痱 子

盛夏伴侣——热痱子

盛夏季节，蝉鸣蛙叫，让人心生烦躁的不止这些，还有突如其来的热痱子。这可以算得上高温天儿的忠实伴侣了，谁还没有一觉醒来大汗淋漓、出热痱子的经历呢？尤其是小时候没有空调，只有干熬。大汗淋漓过后，某些部位的皮肤总会出一片片小疹子，瘙痒难忍，越挠越痒，却让人无法控制地去抓挠，抓破了又疼，这多半就是热痱子。

一、成因

痱子的发生原因特别简单，真的是为数不多的能完全弄清楚病因的皮肤病。你看，夏季气温高，人就容易出汗，大量出汗或者皱褶部位的汗液堆积，不易蒸发，就会导致汗孔堵塞；但是持续高温下，人体需要散热，促使汗腺无法停工，汗液淤积把汗管给撑破了，使汗液溢渗到周围组织，就会在皮肤下形成许多针尖大小、密集的小水疱。这就是痱子。

二、类型

白痱最多见，颈、躯干等大量排汗的部位突然出现针尖大小、白色、浅表性小水疱，疱壁很薄，自觉症状很轻微。发生在腋下，大腿根等皱褶部位的痱子多呈现为圆形而顶尖的密集丘疹、丘疱疹，周围有一圈儿红晕，会伴有瘙痒、烧灼等感觉，这种情况叫作红痱。当有些痱子顶端出现脓疱，就叫作脓痱，通常出现在后期，意味着可能出现继发的细菌感染。以上几种类型可以同时出现。

在人们印象中，婴儿很容易长痱子，对吧？没错，因为婴幼儿代谢率高，容易出汗，且皮肤内的汗腺等发育还未健全。另外，大部分家长的通病就是怕娃儿着凉，像裹粽子一样把娃儿包得严严实实、密不透风，殊不

知局部高温、密闭的环境，加上高代谢的皮肤特点，凑成长痱子的"王炸"。其实大一点儿的小朋友同样容易中招，如果说小宝宝属于被动型，那小朋友就是主动型了。活泼好动是儿童的天性，大量出汗，没来得及洗澡、换衣服，局部皮肤被捂久了，也会轻易中招。其实，老年人也是痱子的好发人群。虽然老年人代谢慢，但是皮肤萎缩，就会形成很多皱褶，胸、腋下、腹股沟等部位也会由于排汗不畅而经常处于潮湿状态；老年人普遍怕冷，衣服穿了一层又一层，出汗了也不敢或者没能及时脱掉，这些问题都可能给痱子"创造"有利条件。你以为自己年轻力壮，勤洗澡、勤换衣服就不会长痱子了吗？这你可就低估痱子的威力了。有些体重超标、肥胖多汗或者体质虚弱经常出虚汗的人群，以及特殊职业人群，比如电焊工、消防员、外科医生等，其实也都是容易出痱子的人群，总之让人防不胜防。

三、防治

再防不胜防，也得防，也能防。痱子发病原因确切，重点当然就在预防。要想盛夏没有热痱子的烦恼，你需要尽量做到保持适度的室内温度和湿度；加强室内的通风和换气；穿着透气、吸汗面料的衣物，保持体表清爽；夏季及时洗澡，减少汗液在体表潴留，特殊情况下，借助吸湿粉、痱子粉等产品，帮助维持皮肤表面的干爽状态。

一旦得了热痱子，其实只要去除诱因，一般都能完全自愈，但如果瘙

痒比较严重，还是可以配合一些药物辅助，毕竟过程太难受。炉甘石是非处方药，不仅能有效止痒，石灰水一样的洗剂涂在皮疹表面，还能帮助快速收干疱液；抗生素类软膏针对脓痱，能控制感染；口服抗组胺药能有效缓解瘙痒，可以避免无法控制的自主搔抓刺激。如此，有药物加持，多严重的热痱子都能够很快痊愈。

　　特殊人群，一定要特殊照顾。痱子是小事，别让可控可防的小事影响幸福生活。

4. 汗疱疹

指尖上的小·水疱在"跳舞"

　　春夏换季，指尖和侧缘就会长出一些小水疱，密密麻麻的，就像集体跳起了踢踏舞，你消我长，此起彼伏地冒个不停。它倒不会像脚气这类真

菌感染一样给点儿潮湿就泛滥，导致自身传播。但摸起来的疙疙瘩瘩或伴随的瘙痒、脱皮，也会让你陷入困惑和苦恼。

一、临床表现

汗疱疹是夏季高发的一种常见皮肤问题，随着气温逐渐升高，很多人的手指头上及掌面都会出现散在的皮下小水疱，看起来晶莹剔透，但很少会破溃，时间长了，自行干涸后会脱一层皮，但随之而来的可能是第二波、第三波新的水疱、脱皮，周而复始。要说多严重，也不至于。有些人皮疹少，没有任何不适；但有一部分人皮疹范围比较广泛或脱皮严重，会伴有局部疼痛、瘙痒，因此选择就医；也有人同时伴有脚气，需要排除是不是真菌感染到手，单从临床症状上二者有时候很难区分，这时候需要做真菌学检查才能明确。

汗疱疹一直被认为是一种排汗不良性特殊类型的湿疹，所以最好发在春末夏初这样温暖、潮湿的季节，到了冬天，则随着温度降低而自愈。现在也有研究证实，其本质可能是一种非特异性湿疹样反应，对镍铬等金属过敏、局部接触化学性刺激物质及精神刺激等，都可能是诱发此病的重要原因。

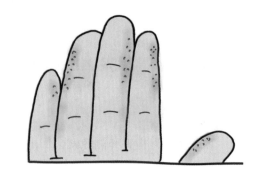

二、临床处理

烦人归烦人，汗疱疹倒是很知趣，一般也不会太过分或出格，经历几个发疹、脱皮的周期后，可能自己也觉得无聊，就悄无声息地消失了。因此，对待汗疱疹，别把它太当一回事儿，你在意或不在意，它就在那儿，不悲不喜、不急不缓，重复着自己的循环周期，倒不如按兵不动，泰然处之，静心等待花开花谢。

当然了，以上心态只适用于轻症患者，症状严重的还是需要及时干预。汗疱疹的口服药以泼尼松和镇静药物为主，前者为激素，只为应急。别说你纠结，医生会尤为慎重地开具类似处方。抗组胺药主要用于缓解瘙痒，让你在这个过程中较为舒适。外用药的原则是早期尽量保持局部干燥，以止痒为主，炉甘石洗剂是不错的选择，安全、有效。如果频繁脱皮，那就需要配合使用角质促成剂，帮助快速恢复具有保护功能的角质层，缓解疼痛，包括尿素霜、水杨酸软膏等。

日常护理时需要纠正一个错误的概念，不要以为起水疱或脱皮就代表手不干净而频繁地清洁，甚至强力清洁。要避免接触有化学刺激性的物质，能不做家务最好不做，必要时记得戴手套保护，洗手后尽快涂抹具有保湿功能的护手霜，随时随地补涂。

保护皮肤，安然度夏，不让指尖因汗疱疹而被迫"舞蹈"。

5. 虫咬性皮炎

夏季与蚊子的血泪斗争史

谁能想到，小小的蚊子居然能把我搞到面目全非。

早起就觉得哪里不对，照镜子一瞧，脸上几个大大的蚊子包，"显眼包"般遮都遮不住。我想前世我一定是一株饭量极大的猪笼草，以致今生今世要偿还欠下的孽债。作为一名热衷于科普的皮肤科医生，曾一本正经地讲过蚊虫叮咬的各种理论，现实中还一直都是蚊子的"嘴下败将"，下面来扒一扒多年来我与蚊子之间的爱恨情仇吧。

自打出生起，我跟蚊子就是死敌。被蚊子叮咬最惨痛的一次经历是学龄前。大夏天，我不知天高地厚地穿着超短裙跟小伙伴在草丛里捉迷藏，待天黑回家站在门口，我亲妈靠那条花裙子才依稀认出这好像是自己家闺女。据回忆，当时的我整个人是肿的，看上去至少胖了两圈，至于身上蚊子包的数量，多到根本数不明白。嗯，情况就是这样子。

自从那次结仇，蚊子就成了我的梦魇。当时那个年代还鼓励除"四害"，所以有个传说，蚊子是当时潘多拉盒子因为好奇心被打开，才有机会存留世间祸害人间的。我对此一直深信不疑。

我对防蚊措施如数家珍，纱窗、纱门、纱帘、蚊帐这类物理屏障是标配，铸就夏天房间的层层壁垒，各种品牌的蚊香、防蚊喷雾或手环、花露水、手动或电动灭蚊拍、超声波灭蚊器也都备齐，拼尽全力不让蚊子近身。被叮咬后的各种外用产品，从风油精、清凉油、青草膏，到牙膏、肥皂、糠酸莫米松等药膏，没当医生前的我就对防治虫咬性皮炎颇有心得。

最怕的是睡觉时被蚊子叮脸，尤其是眼睛。被叮咬后第二天的状态实在没法见人，双眼皮变单眼皮就不说了，肿成"熊猫眼"的我每次都要解释，我没有被家暴，也没有注射肉毒素和玻尿酸。这种肿胀至少得24 h才能恢复。有时候往往怕什么来什么，蚊子好像也知道我的短板，哪儿都不叮，专挑我的眼睛叮。有段时间，我被迫养成睡觉戴眼罩的习惯。

这就是一场没有硝烟的斗争，注定漫长，敌我力量悬殊。我单枪匹马，面对的是繁殖力极强的蚊子大军，打死一个，飞来一批，无休无止，夏季

无眠。夏天将空调温度调到最低，宁可盖棉被，也要让蚊子冷到飞不起来。晚春初秋其实更难，总让蚊子逮住机会，趁虚而入。这场斗争仍在继续，虽然屡战屡败，但失败的经验也积攒了不少。以下是我总结的几点经验，希望对"战友们"有所帮助。

（1）家里尽量不放过任何一个死角，尤其是厨房和卫生间的下水道。蚊子的繁殖需要潮湿、阴暗的环境，这些死角是它们的根据地。窗网眼大小、是否有遗漏都需要仔细检查。你的地盘你做主，别在自己的阵地牺牲，阴沟里翻船。

（2）尽量少去植物多或者垃圾多的地方，尽量穿窄口的长袖衣服和长裤。夏天在野外逗留，一定要让自己动起来，让蚊子无法降落停留。这点很关键，你要是杵在那儿不动，对蚊子而言，就是自助餐的狂欢。

（3）防蚊用品要备好、备齐。夏天哪怕拿把扇子经常扇扇也是好的，电动的不费力，既防蚊，又凉快。如果是秋天，那就喷点儿蚊子不喜欢的味道吧。我习惯备一瓶风油精，便宜耐用，既能有效熏蚊子，又能醒脑防困，一举多得。

（4）夏天防蚊固然很重要，但秋季也不要忽视，尤其是南方气候温暖，蚊子的寿命也会更长一些，千万不要放松警惕。

（5）如果不幸被蚊子咬了，赶紧用药。一般局限性的水肿瘙痒，我会涂点儿风油精，就地取材地抹点儿肥皂或牙膏，都能暂时止痒，防止自己管不住手去抓挠。有的人可能由于体质原因，被咬后反应剧烈，全身出现大片风团，甚至呼吸困难，建议马上去医院。因为一旦发生严重的过敏反应，可不是闹着玩的，可能需要紧急抢救。

（6）防蚊不仅是防瘙痒、红肿等过敏反应。这些都是小事，更重要的是蚊虫叮咬可能会传播很多种疾病，比如流行性乙型脑炎、登革热、黄热病、疟疾、丝虫病、黑热病等。因此，防止蚊虫叮咬就是保护自身健康。

我与蚊子的战斗还在继续，屡战屡败，但仍屡败屡战。每一次的失败都在给我的防蚊指数充值，满血复活后的我依旧斗志昂扬。欢迎加入队伍，参加全民防蚊大作战。

6. 真菌感染性皮肤病

口服抗真菌药不是你想停就能停的

说真菌，你未必了解，但提起木耳、蘑菇，你肯定吃过，灵芝也肯定知道吧。没错，这些都是真菌。真菌的家族很庞大，你熟悉的是可食用类，但还有一大群真菌就不那么友好了。虽然它们可能小到肉眼看不见，但是威力巨大，会引发身体不同部位的感染，轻的让你手痒脚痒（手足癣），重的甚至可以要你命（深部真菌病）。

对付真菌感染，当然得靠药。伊曲康唑是临床上常用的抗真菌药物之一，主要针对深部真菌感染和一些比较严重的浅部真菌病。口服抗真菌药需要严格遵照适应证，听医生的话，不是你想用就能用。反之，一旦需要用，也不是你想停就能随便停的。下面以"灰指甲"（甲真菌病）为例，说说抗真菌治疗为什么不能随心所欲。

（1）认识治疗的重要性。有人觉得"灰指甲"就是难看，又不要人命。道理是没错，初期可能就是不好看，但是你要知道，"灰指甲"是真菌感染，是感染就会传染，自身传播的结局就是"得了'灰指甲'，一个传染俩"。再进一步，你的脚气或体癣会经常反复发作且疗效不好，根源就在于甲板像是真菌的避风港，没有把老巢捣毁，谈什么一网打尽去治愈？

（2）得明确什么情况的"灰指甲"需要口服药治疗。如果你只有1个甲板（就是1个指或趾甲盖儿）受到感染，那恭喜你，单单外用药就能治好，而不需要大动干戈找伊曲康唑帮忙；假如有3个或更多的甲板被感染了，那只有一条独木桥可走，就是乖乖吃药，单纯的外用药治疗获得痊愈的可能性非常低，别浪费时间和金钱。

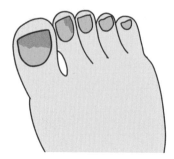

（3）为什么选择伊曲康唑？抗真菌的口服药种类很多，比如氟康唑、特比萘芬等，都有抗真菌的作用，该如何去选择？应该说这些药都有效，关键要看你感染的真菌是哪一种。不同药物的抗菌谱不一样，如果你通过真菌学检测，确定病原菌是皮肤癣菌，那当然首选特比萘芬，氟康唑的效果也不算最好，但伊曲康唑同样有效。如果你没条件做检查，那么伊曲康唑就是首选，因为伊曲康唑对真菌（绝大部分）通吃，不挑食。

（4）伊曲康唑为什么不能随便停？重点在于不能随便停，而不是不能停。对于"灰指甲"，医生通常会建议你采用冲击疗法，也就是连续口服 1 周，停 3 周为 1 个疗程，周而复始，直到真菌被完全清除。冲击疗法能够在保证有效药效的同时，最大程度地减少药物不良反应。但是请记住，中间只停 3 周，而不是 4 周、5 周、6 周，更不是就此停药。真有患者吃了 1 周就忘记按时复诊的情况。还有些患者倒是遵医嘱连续服用了几个疗程，但是就在最后 1 个疗程放松警惕，认为已经好了，自行提前停药，结果让真菌卷土重来，白白服了几个月的药物，最终疗效却打了水漂。其实差的就是最后这一次的坚持！

（5）关于不良反应。在疗程正式开始之前，医生通常会给患者开具肝功能的生化检查，保证服药前的肝脏能耐受药物治疗。因此很多人都担心伊曲康唑引起的肝损伤。其实这个担心是不必要的。的确，伊曲康唑通过肝脏代谢，但是药物本身对肝脏的损伤并不大，尤其是冲击疗法，更是将损伤的风险降到最低。当然，如果你肝脏本身就有器质性问题，经过评估无法耐受全疗程治疗，医生自然不会建议你服药。多数情况下，医生会在你服药 1~2 个疗程后复查你的肝功能，个别患者对药物高度敏感，会在用药期间出现暂时性、可逆性的氨基转移酶水平升高。一旦发现异常，医生会在评估后给出暂缓服药的建议，而升高的氨基转移酶水平通常会随之恢复正常。

（6）其他注意事项。任何药物都伴有一定的不良反应风险，就像再好的酒，喝多了一样会吐。除了上面提到的一过性氨基转移酶升高这样的肝脏反应外，服用伊曲康唑期间还需要注意的就是可能会出现恶心、腹痛、头痛、头晕、消化不良等。由于伊曲康唑喜荤（脂溶性）厌素，因此，最好与食物同服，可以提高吸收率，还能有效减轻对胃肠道的刺激。此外，还有极少数患者会出现皮肤瘙痒、皮疹等过敏反应。如果你用药期间出现这些情况，有必要排查下是否伊曲康唑在捣乱。

用药需谨慎，不能任性。除了听妈妈的话，天冷穿秋裤，有病就得听医生的话。药物不能随便吃，也不可以轻易停。

7. 细菌感染性皮肤病

小小的细菌，引发大大的麻烦

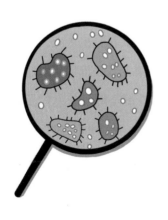

每个人的皮肤表面都寄生着大量种类繁多的细菌。它们大部分是有益菌，和平共处，相亲相爱，共同维持皮肤的健康状态及生物屏障。但这种和谐是动态的，一旦出现失衡，菌群失调，有害菌占据优势而大量繁殖，就可能导致细菌感染性问题的发生，比如毛囊炎、疖肿、蜂窝织炎、丹毒。可谓小小的细菌，也会造成大大的麻烦。

一、临床表现

细菌感染皮肤软组织，典型的表现包括局部红肿疼痛，病程进展下去，会有脓疱，甚至脓肿、流脓等。局限性不会有全身症状，但如果感染未得到及时控制，通过局部血液循环扩散到周围甚至远处，则会伴有发热、寒战等系统性反应。这时候查个血常规，可见白细胞计数及中性粒细胞比例会反应性增高，对于判断病情非常有帮助。

二、常见类型

先来简单了解一下细菌。细菌跟真菌、病毒等都属于微生物大家族的成员，其本身也有很多种分类。简单地从外表上区分，长得圆圆滚滚，像球一样的叫球菌，常引起脓疱疮、毛囊炎、疖、丹毒及淋病；细细长长，像竹竿一样的杆菌，可引起麻风和结核病。根据最外层细胞壁的染色特征，可以分为革兰氏阳性菌和革兰氏阴性菌，阳性菌比阴性菌的细胞壁更壮实

一些，是肌肉分明的"壮汉"，而阴性菌的含糖量更高一些，是爱你多一点点的"甜妹"。以上分类方法对明确细菌性质和特征非常有帮助，尤其是指导临床选择最合适的抗生素，简单来讲就是对细菌的精准治疗。

细菌性毛囊炎是最常见的一种体表感染，主要位置在毛囊皮脂腺，大多数致病菌是金黄色葡萄球菌，像一串串金黄色葡萄一样，属于革兰氏阳性球菌，典型的"球形壮汉"代表。有些长"痘痘"的朋友可以在脸上发现一个红红肿肿的丘疹，顶端还有脓头，多半就是有金黄色葡萄球菌继发感染。很多男孩子的头皮及前胸部经常发现的小脓头也属于细菌性毛囊炎。丹毒很常见，乙型溶血性链球菌是主要的致病菌，属于革兰氏阳性链球菌，感染经常发生在面颊或下肢容易被搔抓的部位，突然起病，一侧局部皮肤红肿发亮，痛到不敢触碰，常常伴有发热。这种感染很容易扩散，导致更深部组织的炎症或进入淋巴管和血管，引发严重的系统感染，甚至危及生命。发生在下肢的丹毒很多伴有脚气，致病菌就是从破损的脚趾缝趁虚而入，逐渐上行感染的。而面颊的丹毒常与挖鼻孔的坏习惯有关。究其原因，都是你自己不注意的小细节才引发大的健康问题。吃一堑长一智，亡羊补牢也不晚。

三、治疗

细菌感染跟真菌不同，往往都是急性过程，发展很快，症状也可能会更重，当然后果就更严重。所以一定要第一时间积极治疗，选择特异性的抗生素种类，精准打击，且疗程要足够。因为细菌一旦突破屏障，在皮肤软组织"如鱼得水"，就很容易迅速扩散。为了避免进一步加重或复发，抗生素的种类、剂量及疗程一定要科学，千万不要掉以轻心。

细菌的种类太多、数量庞大，我们每天都与大概 5×10^{30} 个形形色色的细菌共存。之所以无所畏惧，是因为我们有强大的免疫系统和皮肤表面的微生物屏障。但平衡是动态的，没有永远的朋友和敌人，只有自己强大，才是真的强大，才能无惧细菌侵袭。

第八章 秋季肌肤之焦虑

1. 概 述

秋季护肤的关键词

秋季是接受大自然馈赠的季节，满眼都是金灿灿、沉甸甸的果实，但随之而来的是逐渐降低的气温。一方面，皮肤受环境影响，皮脂腺、汗腺的分泌都相应减少；另一方面，秋风秋燥，加速皮肤内的水分流失。所以，秋高气爽的季节里更容易出现面部皮肤紧绷、发红、脱皮等现象。本章教你秋季护肤诀窍，让美丽的秋天变成你保养肌肤的黄金时节。

一、水分是肌肤的刚需

秋天气候干燥，不但皮肤缺水，身体也一样缺水。一定要保证每天的水分供应，具体的量要依据个人的生活习惯，按需充足摄入。秋天没有出那么多汗和油，所以最忌频繁过度清洁，早晚各清洁1次即可，避免过热、过冷的水；洁面产品也尽量选择温和、无刺激的成分，给肌肤一个温和的护理环境。

二、护肤品选择"秋日特供"

外用护肤品不是一成不变的，要根据季节的更替和环境的变化有所调整，因为肌肤的需求也在变化。夏季的关键词是"清爽"，到了秋季，关键词就变成"滋润"。相较于水剂或乳液，霜类更有助于有效保湿、持久滋润，帮助肌肤抵御秋季的干燥。透明质酸、神经酰胺都是天然的保湿成分，像海绵一样牢牢地锁住水分。维生素 C、维生素 E 等成分具有抗氧化功效，非常适合秋冬季使用，以保持肌肤的青春活力。秋季也是一个好发过敏的季节，皮肤容易变得脆弱不耐受，除了关注有效成分，也要尽量避免使用含有乙醇、香料等一些刺激性辅助成分的护肤品。如果你的皮肤容易过敏，换新的护肤品前，记得在自己的耳后或前臂先试用一下，24 h 后没有反应再安心使用。

三、防晒依旧不下线

秋高气爽，大家比夏天更喜欢晒太阳，觉得暖暖的，很舒服，但千万别忘记防晒的原则。因为温度降低了，紫外线的强度依然在线，丝毫没有减弱。由于可见光没有那么强烈，反倒让我们忽略了对紫外线的防护。如何防晒？当然还是"ABC"三件套，方法不再赘述。关键是提醒大家每天坚持，避免夏天的晒斑进一步加重。对已经形成的色斑，除了科学治疗，生活中建议选择含有烟酰胺、熊果苷、甘草酸等美白成分的护肤品，也能起到一定程度的淡化作用。

四、健康的生活习惯是美丽肌肤的基石

皮肤就像是身体的一面镜子，你的生活习惯是否健康，也直接影响皮肤的健康状态。因此，要一直养成并践行良好的生活习惯。充足的睡眠能保证皮肤完成自我修复；合理的饮食结构提供肌肤必要的营养；远离烟酒能有效延缓皱纹、松弛等衰老征象；适度的锻炼可以促进血液循环，加快皮肤的新陈代谢。这些都是养成健康肌肤必不可少的要素，缺一不可。

五、秋季相关皮肤问题早预防

很多皮肤病与季节密切相关，秋季也有自己的高发病，最常见的就是皮肤瘙痒症。其特点是基本没有原发性皮损，仅仅感觉瘙痒，有时候很难定位；随着搔抓等刺激，会逐渐出现一些继发性的抓痕、色素沉着、鳞屑。主要是由于天气转凉伴随的皮脂腺分泌量骤然下降，无法全面滋润皮肤。因此，干燥是诱发瘙痒的重要因素。

银屑病的加重或复发也与天气转凉相关。这种民间被称为"牛皮癣"的疾病具有慢性复发性的特点，冬重夏轻也是它的特点之一。所以，建议

有银屑病困扰的朋友，进入秋天后一定要早点儿加强皮肤保湿，对预防复发有积极的帮助。另外，也要保持乐观的心态和良好的生活习惯，避免感冒，适度运动，有需要及时找医生复诊，科学治疗。

此外，特应性皮炎、毛周角化病、手足皲裂、湿疹、荨麻疹等都是秋季的多发病，请大家注意防范。

金色的秋天美丽而灿烂，用健康的身体和肌肤去拥抱金秋季节吧。

2. 干燥性皮肤病

小腿干到蜕皮像下雪是病吗

进入秋季，皮肤明显干燥，尤其是小腿，皮肤看上去就像干涸的田地，干到发痒就会不由自主地去抓挠，这下更不得了，一片片白花花的皮屑就会掉下来，小腿像一条蜕皮的蛇。你知道该如何去解决吗？

一、干燥的成因

其实这是一种生理现象，皮肤之所以滋润，是因为皮脂腺的勤奋工作。皮脂腺分布不均衡，在面（T区）、头皮、胸背等部位最多，四肢外侧偏少，而手掌、脚掌这些部位根本就没有。所以，在皮脂腺分布密集的头面及胸背部容易发"痘痘"，而手指、脚底儿这些皮脂腺几乎缺如的位置非常容易干燥、开裂，真的是"旱的旱死、涝的涝死"。皮脂腺虽然有，但分布极少的部位，要数小腿外侧，所以这个部位也是最容易发生干燥的位置。

皮脂腺的功能很强大，强到青春期几乎所有少男少女都因为分泌物过多，继而堵塞、感染，发"痘痘"。但作为皮肤的一个附属器，皮脂腺也会随着年龄增长而衰老，功能退化；年纪越大，皮脂腺分泌物就越少，甚至缺如。同时，皮肤代谢率降低，伴有一定程度萎缩，屏障功能也会退化。所有这些造成的结局就是皮肤缺水、缺油。另外，研究发现多种系统疾病也会诱发皮肤干燥，比如甲状腺功能减退症、恶性肿瘤、肾功能不全、特应性皮炎及糖尿病等，包括某些长期口服药物的不良反应等。综上所述，老年人的皮肤干燥是由综合性因素造成的。

　　除了生理性原因，皮肤是否干燥还与很多生活习惯息息相关。所以，人们会经常讲，很多皮肤问题真的是你自己"作"出来的。

　　频繁洗浴会导致皮肤屏障受损。洗浴产品中含有的表面活性剂虽然能够去除污垢，但也会让角质层中的脂质和天然保湿因子流失，并提高皮肤表面的pH，改变蛋白酶的活性，引起角质层的蛋白变性，就像一连串的多米诺骨牌反应。因此到了秋天，没有必要像夏天一样频繁洗澡，否则只会让皮肤越来越干。

　　冬季气候逐渐变得寒冷干燥，室内外的温度和湿度差别也大，这种冷热交替的环境变化也会让皮肤不耐受，更容易干燥。另外，天冷了总想吃点儿刺激的，特别烫或者辣的饮食也会加重皮肤干燥。

二、保湿原则

　　其实到了这个季节，几乎无人能逃过大自然的规律，区别就在于程度不同，以及你是否科学、积极地应对。要改善皮肤干燥，也没有那么难。

　　解决皮肤干燥的问题，核心就是加强保湿。"缺什么，补什么"本来就很简单。保湿讲究的原则如下。

首先，及时补。补充的时机很重要，我们建议养成每天晚上睡前涂保湿剂的习惯，尤其是重点人群（老年人、有基础皮肤问题的人）、重点部位（小腿、胳膊外侧）。另外，洗浴后即刻涂抹，要快到洗好澡水分还没完全被擦干时就涂，尽量将水分保存在皮肤内。

其次，涂抹量要足。很多人觉得自己很无奈，明明涂了保湿剂为什么还皮肤干呢？其实很多人只是做了涂保湿的动作，实质可能并不够。别吝啬手里的保湿剂，尤其是在重点部位，一定要像刷墙漆一样厚涂，才能有效保湿。

最后，选择成分很重要。有人说，担心过敏就用婴儿保湿产品。尽管都是保湿剂，但年龄不同，需求的重点不一样，婴儿保湿产品并不适合成人使用。另外，没必要盯着大牌产品，不需要看价格，只要能有效保湿就好，"黑猫白猫，抓住老鼠就是好猫"。

除了保湿，多喝水也是间接地给皮肤增加水分。至于均衡饮食，适量运动等一些普遍性适用的健康生活原则也同样适合皮肤干燥的你，因为皮肤问题就是身体发出的信号。

另外，还有个小建议送给爱美的女孩子。秋天到了，别光着腿儿穿裙子或阔腿裤，这样也会让小腿的皮肤越来越干燥。

3. 手足皲裂

别忽视干裂的脚底儿

金秋主打收获，虽物产丰富、景色怡人，但也有秋天的专属烦恼，尤其是皮肤。皮肤是颜值担当，更是我们抵御外界诸多侵害的"铁壁铜墙"。被覆在皮肤最外面的角质层其实是一些死亡的角质形成细胞，它们即将寿终正寝，却仍老骥伏枥，与皮脂腺、汗腺的分泌物形成的"皮脂膜"共同构筑这"铁壁铜墙"。

一、皲裂的成因

角质层根据身体部位不同，厚度差别非常大，最厚的不是脸皮，而是足底，尤其是脚后跟。理论上，该部位的屏障功能应该最强大，但事与愿

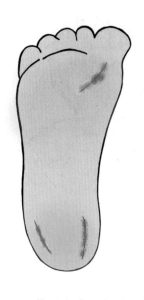

违，主要的槽点在于这个部位缺乏皮脂腺，而皮脂腺的分泌物是最珍贵的天然保湿剂。很多大牌护肤品的价格高，或者成本高的重要原因之一，就是配方师在想尽办法模拟人体生理状态下的皮肤成分。另外，跟脸不同，很少有人重视脚后跟的保湿。生理性缺陷和后天不作为，导致脚后跟特别容易干燥，尤其到了秋冬季节，天干物燥，更是雪上加霜，于是皮肤裂口就来了。皲裂初期，很多人不当回事儿，结果越拖越严重，后续会伴随疼痛，以及出现迁延不愈的伤口。

普通人尚且如此，特殊人群更是在劫难逃。老年人随着年龄增长，皮肤含水量下降，锁水能力减弱，角质层的细胞代谢也变得缓慢，中招率几乎为百分之百。有些日常走路多的人或者运动员由于局部长时间的物理性摩擦刺激，也会让角质层反应性增厚，加重干裂。

不良的生活习惯或不科学的护理，比如泡脚水温度过高、时间过长，或者频繁、不恰当地使用清洁剂等，都有可能削弱屏障功能。还有一些自身患有足部疾病的，比如足癣、跖疣、胼胝、角化型湿疹、特应性皮炎、幼年跖部皮病、银屑病、鱼鳞病等，干燥和皲裂就是其伴随症状。

以上情况请对号入座，如果是由不恰当的生活习惯造成的，需要你自己去克服，但如果是皮肤病，就得来医院请医生帮忙确诊和解决了。

二、原发皮肤病

下面帮大家简单分析脚底儿干裂可能提示得了哪种皮肤病。

（一）足癣

足癣（脚气）是最常见的原因之一，致病原因是真菌感染。足癣往往一侧先发病，皮疹界限比较清楚，典型的皮损周边会有脱屑。足癣在临床上表现多样，只有鳞屑角化型足癣会出现局部皮肤的肥厚、粗糙、脱屑、干裂，还有的人同时伴有小水疱或者浸渍、糜烂。最简单的辨识方法就是去医院做个真菌学检测，刮一点患部皮屑，大概率能很快判断是不是有真菌感染，必要时还可以进一步做真菌培养和药敏检测。标准的抗真菌治疗就可以将症状消除，重点是要提防再感染，毕竟微生物与我们共享一个地球。

（二）湿疹皮炎

比足癣更常见的原因是湿疹皮炎，这个毛病除了脚，其他地方也都能发生，通常呈对称性出现。发生在足部，可以出现瘙痒性红斑，以及局部皮肤肥厚、脱屑、皲裂。真菌学检测结果基本阴性，可以与足癣相鉴别，但不排除二者都存在的情况，所以要明确病因，还得靠医生面诊。湿疹皮炎早期需要外用激素制剂抗炎，瘙痒严重的需要配合口服抗过敏药物，特别肥厚、干裂的皮损可以选择角质松解剂。除了加强外用药或局部封包外，紫外光疗也是一个不错的物理疗法。这里的紫外线照射不是简单晒太阳，紫外光疗也不是杀菌，而是帮助让皮损恢复正常角化，进而变薄。

（三）掌跖角化病

如果你的直系近亲属中有很多人都和你有一样的足部肥厚、干裂、脱皮的症状，那你可能是患了掌跖角化病。掌跖角化病是一种遗传性皮肤病，虽然症状轻重不等，但很遗憾，但凡跟基因相关的问题，治疗起来都有一定的难度。

（四）其他

绝经后的女性及伴有糖尿病、甲状腺功能减退症、慢性肾病、营养不良等问题的人群，接触过敏原或刺激原导致的接触性皮炎，也可以表现为脚后跟的裂口与脱皮。

三、治疗方式

无论是何种因素引起的手足皲裂，日常护理必不可少。最重要，也是最有效的办法就是外涂保湿霜，选用含有凡士林、甘油、尿素等成分的保湿霜即可，成分越简单、越温和，效果越好。该法对于缓解局部皮肤干燥，增加皮肤水合（含水量）都非常有帮助，外涂后 3 h 就可以恢复正常的皮肤水合水平。当然了，外涂保湿霜也需要养成日常习惯，按需足量补充，每天的涂抹次数多多益善，上不封顶。

特别严重时，可以在晚上睡觉前涂得厚一些，外面再包一层保鲜膜或者穿上特殊的硅胶袜套。这个叫作"封包"的方法可以有效地增强皮肤的水合程度，见效极快。

泡脚当然舒服，但请避免水温过高，也不要太频繁，或者为了消毒杀菌选择刺激性强的清洁剂或泡脚水，这样只会让原本干燥的皮肤雪上加霜。平时鞋袜要以宽松、透气为宜，别为了时尚而长时间穿太薄、太硬鞋底的高跟鞋，总原则是尽量减少摩擦刺激。

对了，还有一点温馨提示，别与其他人共用拖鞋等个人用品。

4. 毛周角化病

"鸡皮肤"该怎么办

"鸡皮肤"是毛周角化病的俗称，与遗传、维生素 A 缺乏及代谢障碍有关，因为摸上去，一粒粒小疙瘩像脱了毛的鸡皮，故名。既然发病涉及遗传，得面对现实，这种基因上的病根没法完全纠正，但也不应就此放弃治疗。科学治疗和护理可以很大程度上改善症状的，还是要有信心。

一、治疗原则

治与不治，完全取决于症状对外观的影响，以及你自己的接受程度。"鸡皮肤"虽然会影响皮肤的美观，但是对身体健康没有伤害，更不会出

现你所担心的癌变，真没必要如临大敌。

"鸡皮肤"的影响到底有多大，要看长在哪儿，长在谁的身上。最好发的部位集中在上臂外侧、后背、大腿外侧及面颊部，呈现针尖至粟粒样

大小的角化性丘疹，表面粗糙。由于以毛囊为中心，角质堆积让毛发生长困难，所以你可以看到部分丘疹中央有卷曲、蜷缩、细细的毛发，十分有趣。外观看起来粗糙，摸上去的手感也一样粗糙。所以脑补一下画面，这种情况如果发生在女性的脸上、身上，那简直就是噩梦，她们甚至因此而羞于穿短袖和裙子。

二、药物选择

既然主要的症结在于毛囊的过度角化，如何疏通及软化就是解决问题的关键。确切有效的药物是以维生素 A 酸或水杨酸为代表的角质剥脱剂，视严重程度和部位选择品类和浓度，但贵在坚持。同时，当心高浓度药物的不良反应，比如用药期间可能会出现局部干燥、脱皮或刺激性红斑，如果在暴露部位，还要尽量做好防晒。

市面也有各种眼花缭乱的产品号称有效针对"鸡皮肤"，到底有没有用？是不是智商税？这要看你如何定位。首先，既然不是药，那么就别期望太高，妄想通过某种产品将"鸡皮肤"的问题彻底解决。如果真有这样的效果，毫无疑问，会有很大的潜在风险。其次，要看产品中的具体成分，大部分有效的都是靠其中的"酸"类主角。水杨酸、果酸、维生素 A 酸，都能有效改善角化过度的皮肤。但也正因为是护肤品而非药物，浓度有限，也才能最大程度上保证安全性。所以，正规的产品不是智商税，前提是你坚持、坚持、再坚持。还有些产品扛着忽悠人的字眼大肆宣传，我劝你别冲动。

三、鉴别诊断

毛周角化病与遗传因素相关，所以很多小朋友的症状都能在爸爸妈妈相似的部位找到线索，很容易诊断。但临床状况是复杂的，还有些看似"鸡皮肤"却不是毛周角化病，各位也得留个心眼，别轻易地对号入座。

（1）维生素A缺乏症：维生素A是一种脂溶性维生素，摄取它需要油脂的参与。排除胃肠道的吸收障碍问题，有些减肥的朋友严格控制饮食阶段就有可能缺乏这种重要的维生素，是不是"丢了西瓜拣芝麻"，你自己去评判吧。

（2）小棘苔藓：在外观上跟毛周角化病也很相似，好发部位也雷同，却没有"鸡皮肤"那么常见。它的典型特征是每个丘疹都有一条细长的"小尾巴"，就是丝状的角质小棘。所以你看，每个名字都有自己的由来。好在小棘苔藓有自限性，部分患者的皮疹会在数周或数月自然消退，或者随年龄增长而逐渐好转。如果实在心急，治疗原则跟"鸡皮肤"基本一致。

"鸡皮肤"不可怕，也许是爸妈给你留下的记号，摆正心态最重要。日常的保湿和医生指导下的科学治疗，都能帮你长期有效地加以控制，让肌肤重现光滑柔嫩不是梦。

5. 荨麻疹

秋风秋燥，闲话荨麻疹

你有过这种经历吗？突然之间浑身出现貌似"蚊子包"一样的小块块，瘙痒难忍，且越挠越痒、越挠越多。可能就吃顿饭、打个球、跑个步，甚至没有任何诱因也会发作，让人苦不堪言。以上表现就是典型的荨麻疹，民间特别应景地称为"鬼风疙瘩"，因为其发病神出鬼没、真如魅影，让人无法捉摸。

这些看起来又红又肿的疙瘩，实际上是皮肤和黏膜下的小血管扩张，促使渗透性增加而导致的一种局限性水肿。神奇的是，虽然荨麻疹起病骤然、瘙痒难忍，但一般会在 24 h 内自行消退，也算是有良心的疙瘩。如果每周至少发作 2 次，持续 6 周或以上，就是慢性荨麻疹。

一、发生诱因

诱发荨麻疹的原因很复杂，因人而异，因环境而异。

（1）食物类：最常见，但也最易被重视，尤其是含有动物性蛋白的食物（比如海鲜、肉类、牛奶和蛋类等）或植物（比如番茄、柠檬等）。

（2）药物类：抗生素的致敏率相对更高，比如青霉素，其他还有血清制剂、疫苗或磺胺类药物等。

（3）空气吸入物或皮肤接触物：比如植物花粉、动物皮毛或皮屑、粉尘、真菌孢子和尘螨等。

（4）感染：各种各样的微生物侵袭或定植都可能诱发荨麻疹，比如病毒、细菌、真菌、寄生虫等。

（5）理化因素：物理刺激，比如冷、热、紫外线、摩擦、振动等。

（6）精神因素和系统性疾病：比如劳累、紧张、抑郁等削弱自身免疫系统的防御机能，间接造成自体免疫系统问题；系统性红斑狼疮、风湿热、甲状腺疾病、淋巴瘤、恶性肿瘤等也可能诱发荨麻疹，进而诱发皮疹。

二、治疗方式

对急性或偶发荨麻疹，可用抗组胺药治疗，注意避免过敏原，就可以达到不再发作的程度，但也有相当一部分发展成慢性荨麻疹。在治疗慢性荨麻疹的过程中，由于病情反复发作，迁延不愈，特别是大部分患者始终找不到确切的诱发因素，严重影响生活质量，甚至失去治疗的信心。

尽管荨麻疹较难治愈，但随着医学发展，还是有方法可以帮助你缓解症状，甚至摆脱疾病。本节带你进入有关荨麻疹的自问自答。

1.第一代 H_1 抗组胺药更安全、有效吗？

第一代 H_1 抗组胺药有效是有效的，但对于很多患者而言，很难避免嗜睡困倦的不良反应。如今一线治疗方案推荐第二代 H_1 抗组胺药，安全性和有效性更好。不过并非对所有患者均有效，必要时需要加倍药物量、联合其他药物或者选择其他替代治疗等。

2. 妊娠期或哺乳期女性及儿童患者怎么用药？

妊娠期或哺乳期女性的荨麻疹治疗与非妊娠期成人基本相同。主要使用 H_1 抗组胺药，西替利嗪、氯雷他定及左西替利嗪属于传统的妊娠 B 类。妊娠期的患者，必要时可优先考虑使用，尤其是妊娠中期和晚期。不过应在尽可能短的时间内以最低有效剂量使用抗组胺药。儿童荨麻疹治疗与成人患者类似，首选第二代 H_1 抗组胺药，必要时亦可增加剂量，根据体质指数（BMI）调整。

3. 慢性荨麻疹不痒，就可以停用抗组胺药吗？

抗组胺药的主要作用是减轻瘙痒、缩短风团持续时间及减少风团数量。根据抗组胺药的半衰期，一般每天口服 1 次。对于慢性荨麻疹，不建议出现症状时按需服用，需要长期、主动维持用药，最忌"见好就收"地快速停药。

4. 如果病情严重到难以控制，可以长期使用糖皮质激素（GC）吗？

糖皮质激素主要作为抢救措施，短期用于那些危及生命的荨麻疹和严重的喉头水肿。尽管缺乏大规模的对照研究，但系统性应用糖皮质激素对多种难治性慢性荨麻疹疗效良好，基本可以使皮损完全消失，但减量后常有复发。考虑到系统不良反应，不建议长期应用，疗程尽量控制在

10~14 d以内。如果是病情需要,还可以考虑使用免疫抑制剂或者其他治疗,比如环孢素或者生物制剂等。

5. 慢性荨麻疹患者都要严格忌口吗?

饮食控制疗法(俗称"忌口")在慢性荨麻疹患者中颇为流行。但是,目前普遍认为,单纯食物过敏引起慢性荨麻疹的很罕见,除非病史上有强有力的证据。所以,假如不是对某种特定的食物过敏,该怎么吃就怎么吃吧。

6. 治疗荨麻疹可以"断根"吗?

这是所有荨麻疹患者都想知道答案的问题。所谓"断根",是指得过这次病之后永远不再发同样的毛病。从概率学的角度讲,是存在这种可能性的。但是,从医学的严谨度上解释,只有像得了阑尾炎,把阑尾全部切掉,没有机会再得阑尾炎的这种情况,才叫真正意义上的"断根"。任何疾病都有复发或再得的可能性。因此,医生追求的是治愈,而不是所谓的"断根"。无论是急性还是慢性荨麻疹,都是有办法治愈的,但是要想"断根",恐怕只有上帝才能帮到你。

第九章　冬季肌肤之忧伤

1. 概　述

牢记冬季护肤要领

白雪皑皑的寒冬虽美，但冬季"附赠"的极度寒冷和干燥会让娇嫩的肌肤无处躲藏，特别容易出现干燥、缺水、粗糙等问题。室内的暖气，包

括室内外巨大的温差等也会对皮肤内的水分"巧取豪夺"，皮肤长期处于缺水状态及皮脂腺工作过于懈怠，后果就是屏障功能降低，皮肤进一步缺水，且不耐受外界刺激，自此形成恶性循环的闭环。因此，掌握科学护肤的要领，对于保持健康和美丽非常重要。

一、保湿

冬季护肤的核心要点在于保湿，比任何一个季节更重视都不为过。记得清洁后火速涂抹保湿产品，才能及时地帮助肌肤有效锁住水分。产品选择要倾向于滋润保湿效果更强、封闭性更好的，比如将玻尿酸、甘油等成分作为优选。因为保湿的作用在于输入水分，但更重要的是同时能够保持住水分，防止其进一步流失，所以封闭剂在冬季尤为重要。除了早晚常规护肤的步骤，建议按需，意思是只要觉得干燥就可以随时补充，可以用保湿水或喷雾配合霜剂或乳剂，量也要足够，厚厚的一层，才能为肌肤建立起坚实的水润屏障。虽然保湿原则跟秋天一样，但程度要更重才有效。

除了皮肤保湿，在室内环境比较干燥的情况下，可以使用加湿器有效提高室内湿度。避免长时间暴露在暖气或空调下，也有助于减少皮肤水分蒸发，持久保湿，此所谓"两手都要抓，两手都要硬"。

二、温和

　　冬季代谢会减慢，皮脂腺及汗腺的工作量也相应减少，所以没必要过度或过于强力地清洁，选择温和、低刺激、低敏成分的洁面产品，能够去除污垢和表面残留物就够了。要知道皮肤表面的天然保护层有多么珍贵，越是模拟生理性成分的护肤品越贵，就是这个道理，没理由把自产自销的珍贵物质白白丢掉。具体还是看皮肤性质，特别油腻的皮肤以清洁干净为度，而对于干性皮肤，用清水洁面基本就能满足需要。天气寒冷的季节可以适当用与皮肤温度接近的温水洗脸，切忌热水烫洗，不仅去除油脂过于彻底，还会刺激血管和毛孔，诱发过敏与毛孔粗大。

三、防晒

　　冬天虽寒冷，但紫外线全年无休，且洁白的世界更会将射在地表的紫外线反射，造成二次伤害，所以不仅要坚持防晒，更要加强防晒。好在冬天穿得多，戴帽子、戴围巾，物理防晒是顺手的事儿。皮肤科医生友情提

醒，最好准备一副太阳镜，保护皮肤的同时别忘记保护眼睛。防晒霜的使用原则无季节区分，化学防晒剂需要在出门前半个小时足量涂抹，按需补涂即可。因为冬天的保湿是核心要点，所以涂抹物理防晒剂之前的保湿及打底工作会让皮肤的体验感更好些。

四、健康生活习惯

天寒地冻，饮食习惯自然会倾向高热量和高油脂食物，比如火锅、烧烤、奶茶都是标配。饮食结构的改变同样影响肌肤的健康，建议摄入足够的水分和维生素，避免暴饮暴食。"管住嘴，迈开腿"，到哪儿都是保持身材和健康的基本准则。也有人说"好气色是睡出来的"，不无道理，充足的睡眠和健康的作息有助于维持肌肤的水润及光彩。

寒冷的冬季，肌肤更需要悉心呵护。掌握以上要领，并活学活用，让你在整个冬季仍然可以保持水润肌肤，远离干燥不适。

2. 冻 疮

二九一十八，冻得下巴塌

俗话说："二九一十八，冻得下巴塌。"冬天的冰天雪地不是所有人都能扛得住的，冷到极致，还可能冻到"手脚肿""烂耳朵"。尤其是小朋友冬天户外玩到忘了冷，出了汗更是帽子、手套一摘继续"疯"。于是，冻疮就来了。

冻疮的本质是低温度和高湿度的局部环境引起毛细血管痉挛和扩张，导致皮肤血液循环障碍诱发的皮肤炎症损伤，长时间暴露在寒冷、潮湿的环境中非常容易诱发，尤其是在本身血液循环差、血管细的部位，比如耳郭、手指、脚趾、面颊、鼻尖等。

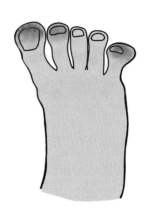

寒冬腊月气温低，呼啸的冷风夹杂着冰雪，会增加冷传导和对流，这些都是冻疮发生的罪魁祸首。所以，冬季发冻疮好理解，但你可能不知道的是，0℃左右的早春季节也是冻疮的高发期，10℃以下环境的湿度更大，所以冻疮在南方反倒比北方多见。

即使在同样的环境中，不同个体的差异也非常大，我们叫作"易感性"。研究表明，易患冻疮的人，大多数末梢血液循环较差或者手足多汗，受冷

后极易出现微循环障碍。这就解释了为什么同处一地，你有冻疮他没有。

有些生活习惯或职业也是冻疮的"神助攻"，像环卫保洁人员、餐饮工作者、家庭主妇等，由于每天的工作环境和内容致使局部皮肤环境潮湿且寒冷，中招率也要比自然人群高一些。此外，还有些危险因素会增加冻疮的发生风险，比如冬天要风度不要温度，穿着过于单薄或紧身，限制了皮肤正常的血液

循环；或者患有雷诺综合征，疾病本身会影响血液在皮肤中的循环。即使积极治疗，如果重复诱因或处在同样的环境中，冻疮也非常容易复发。

要说冻疮的危害，那就是皮肤表面红肿明显，影响美观是其一，更重要的是难受。热了痒，冷了痛，让人不禁抓耳挠腮，主打一个"矫情"。

这里重点教你如何预防，以下"三防"要认真领会。

1. 防寒

一定要重视保暖。在户外别马虎，尤其是肢端部位，认真穿戴御寒衣帽、手套，发与不发往往就在一念之间。美观性自己掌握，但从功能性上来讲，连指手套要比五指分开的手套更加保暖。日常涂凡士林油可以减少皮肤散

热，在一定程度上也能起到保温作用。冬天如此，即使到了乍暖还寒的春天，也要记得春捂秋冻，重视防寒保暖。

2. 防潮

寒冷季节穿得多就更容易出汗，且汗液无法及时排出去，内衣和鞋袜会经常湿湿的，有条件的一定要及时更换。手足容易多汗的人更应该注意。接触水后及时擦干。总之一个原则就是保持皮肤干燥，不给冻疮以可乘之机。

3. 防静

生命在于运动，避免肢体长期静止不动，久坐或久站都不可取。适当活动有利于血液循环，促进热量传递，减少冻疮发生。

对于已经发生的冻疮，如果仅仅有点儿红斑，没有水疱的情况，其实根本无须过度治疗，但要加强保暖，避免诱因。一般 1~3 周都能自愈，想更快好，就局部多按摩。对于已经有水疱甚至坏死的情况，则建议去医院就诊。经专业皮肤科医生诊断指导，配合药物促进血液循环、对抗炎症反应、修复受损皮肤，物理或激光治疗会让药物如虎添翼，加快皮肤愈合速度。

3. 低温烫伤

温水能煮蛙，低温会烫伤

天寒地冻，最幸福的事儿莫过于室内温暖如春。北方有暖气，南方除了靠"一身正气"，还有各种各样的取暖设备。空调、地暖是高配，电热毯、热水袋、小太阳暖灯、暖宝宝贴等，只有你想不到，没有买不到的。虽然正规产品科学使用是安全的，但总有一些人会因为马虎、疏忽等使用不当而出问题。皮肤科医生在这个季节遇到最多的就是低温烫伤患者。

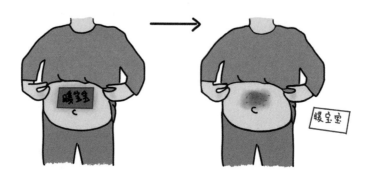

大家一定无法理解，就暖宝宝贴这点儿温度怎么会烫伤？你还真别不信，正如青蛙在慢慢加热的水里一直很舒服，等到它感受到水太烫时，已经来不及反应，无法逃脱。所以你看，危险总是发生在疏漏时。低温还真有可能造成皮肤烫伤。

一、发生机制

皮肤内有错节分布的神经末梢负责感受来自外界的各种刺激，以保护皮肤免受伤害。比如别人掐你一下，你知道痛，会迅速反应躲开，否则肯定会被掐出瘀青。当不小心碰到开水，感受温度的神经末梢发出信号给大脑，促使你反射性地躲避，避免烫伤。这些都是人体自带的保护系统。

但低温就不同了，这个温度说高

不高，还没达到神经被刺激发出指令的阈值，因此，神经末梢在观望和犹豫间徘徊。而人们经常是在晚上用保暖设备，大脑在沉睡时，也没有那么容易被唤醒。低温热源持续作用的结果就是热量通过表皮逐渐传递到真皮浅层、中层，甚至皮下各层，最终造成组织损伤。由于四肢末端及腹部是冬天最需要保温的位置，因此也是低温烫伤最好发的部位。跟急性高温烫伤有所不同，低温烫伤的疼痛感并没有那么强烈，通常会在局部皮肤接触位置出现局限性红肿、水疱，看似不严重，但其实热损伤深在。发生在脚踝、小腿等血液循环不佳的位置，如不及时处理或者处理不当，特别容易导致溃烂、溃疡。尤其是老年人往往合并糖尿病、高血压、静脉曲张等基础疾病，更容易因为组织长久不愈合形成瘢痕或导致更为严重的后果。

二、处理方法

低温烫伤的危险无处不在，如果不幸中招，先别慌，但一定要避免以下两个极端。

第一种是不重视，不当回事儿。觉得只是起了一个水疱而已，等着水疱自己吸收就好了。殊不知水疱内含有的组织液是极好的培养基，非常容易滋生细菌，增加治疗的难度，也极易产生危险。所以，早期、科学、积极的处理非常关键。另外，由于低温烫伤的位置很深，而皮肤表面的表现往往轻于内在，更容易被忽略而最终诱发瘢痕。

第二种是由于过度焦虑，恨不得把所有能找到的药统统涂上。进行这种"神操作"的大有人在，也不管是治什么的，止痒膏、烫伤膏、祛瘢膏，还有抗病毒药、抗细菌药，甚至抗真菌治脚气的。这是非常不可取的，先不说对不对症，这么多种药物加辅剂，很容易诱发过敏，导致接触性皮炎，让问题雪上加霜。更重要的是，皮肤科外用药很有讲究，什么阶段或什么问题用什么药、什么剂型，都是一门学问。心情可以理解，但切忌自己胡来。

我们来给正规治疗指条明路：如果你睡醒觉发现挨着取暖设备的皮肤出现红肿并有水疱，第一时间去医院皮肤科就诊。如果实在没条件，也别慌乱，找一根缝衣针，用酒精棉片消毒后在水疱一侧快速戳一下，手指垫纱布，在另一侧稍用力按压，尽量将疱液释放出来，局部涂抹抗生素软膏后，以纱布稍加压包扎即可。每天坚持换药并观察，但疱液非常容易卷土重来，要重复以上操作，直到疱壁干燥结痂、脱痂，其间尽量消毒彻底，保持局部干燥。如果除了水疱，还伴有局部明显的红肿和疼痛，局部冷敷或者生理盐水冷湿敷有助于缓解。总之，有条件，请一定及时就医。

科学治疗，预防先行。最好的预防就是避免局部长时间接触取暖设备，尤其是老年人、小朋友，以及本身伴有糖尿病或脑梗死等神经末梢反应迟钝的人群。实在天冷，怎么办？使用时可以隔一层毛巾或者衣裤。总之，别紧贴着皮肤就好，尤其是睡着的时候。要知道，45℃以上的温度直接接触皮肤相当于温水煮青蛙，被温水煮熟的青蛙死于无知。你可千万别做那只倒霉的青蛙。

4. 银屑病

让"牛皮癣"不再牛

　　"牛皮癣"在人们心目中一直是个顽疾，是得靠如狗皮膏药般贴在电线杆上的祖传秘方才能解决的毛病。其实在医学上，它的学名叫作"银屑病"，是一种比较常见的慢性复发性炎症性皮肤病。且不说此病可以发展到严重影响生命的程度，单说常年不褪的、斑斑驳驳的皮疹鳞屑，就让患者苦不堪言，不但影响正常社交和生活，很多人因此产生自卑情绪，甚至厌世的想法。还有更多的人不了解银屑病，感觉很"脏"，担心传染。这种外界带"颜色"的尖锐目光，也进一步加重患者的心理负担。

一、临床表现

　　皮损可发生在几乎全身所有部位，包括头皮、指甲，甚至隐私部位，而这些部位除了更难治疗，还会因为特殊性而更让人苦恼。边界清楚的红色斑块上覆盖着厚厚的白色鳞屑，不但随时随地到处飞扬，厚重的斑块将头发聚拢成簇而呈现一束束矗立状的特殊表

现。患者会无奈地选择戴帽子或者用假发遮盖，而局部环境闷热不透气，又会加重病情。

每天洗脸会让面部皮损看上去并没有那么明显或严重，可能只有轻度浸润性红斑、丘疹，很容易与脂溢性皮炎相混淆；但由于鳞屑的非正常堆

积，会让皮肤异常干燥，脱屑更明显。这也是其不同于脂溢性皮炎油腻腻的特征。

隐私部位多为黏膜，比如外阴或龟头等。正因为是特殊部位，所以非常容易漏诊，大部分人讳疾忌医，不愿意跟医生主动提及。如果只有这个部位有皮疹，大多会拖好久才去医院看病，治疗自然也就相对不及时，而往往是这些位置的问题更加影响患者心情和生活质量。

甲板无论是单发还是伴随皮疹出现，都非常常见。20个甲板都可能累及，表现也各异，如白甲、甲板混浊、甲板增厚、质地变脆、甲剥脱等。最具特征性的就是顶针状凹陷，就像奶奶做针线活用的顶针一样，某个甲板上分布着数个小小的凹陷点。有经验的医生单凭这一点，就会严重怀疑你可能患有银屑病，就是这么神奇！

此外，银屑病最大的问题在于不但累及皮肤、黏膜及甲板等表面，还可能会伴有一些其他系统的共病，最多见的是关节损害，大小关节"通吃"。轻的可能只是指关节晨僵、肿胀，而严重的中轴关节炎会让你的脊柱弯曲、变形。这还不是最大的问题，更严重的是会伴发心血管系统疾病、肠道疾病，以及代谢综合征等共病，这就可能威胁到生命。谁能想到一个慢性皮

肤病还会有死亡风险呢？简直让人不寒而栗。

当然也有轻的。如果说银屑病一旦确诊就必定伴随终身，这也不绝对。有一种类型如果及时发现、正规治疗，还有转机，那就是急性点滴型银屑病。大多发生于儿童或年轻人，发病前多伴有上呼吸道感染的病史，链球菌感染诱发引起迅速进展的皮疹，呈点滴状分布全

身，颜色鲜红，鳞屑较少。这种情况也容易跟药物性皮炎混淆，但治疗完全是两个方向。如果能够第一时间识别出来，并正规使用抗生素就可以治愈。这里的治愈是真治愈，甚至不用担心复发的问题。所以提醒大家，有问题真的要及时到医院治疗，说不定就能扭转整个人生。

二、治疗方式

对待"牛皮癣"要有科学的态度，包括治疗，也要调整合理的预期，要像管理高血压、糖尿病一样有效控制和稳定病情，减缓疾病发展进程，尽可能长久地减少复发，而不是盲目地追求所谓的"断根""根除""永远不复发"。

治疗手段有很多种，总体可分为外用药、口服药、注射药、理疗等。这里仅纠正两个误区。

第一，光疗，也就是窄谱－中波紫外线（NB-UVB）治疗是性价比非常高的一种物理治疗。紫外线通过抑制皮肤组织中的淋巴细胞增生，减少

炎症细胞数量及炎症因子释放，缓解病情，且优在无创、不良反应小。很多"老牛"（久病成医的银屑病患者）特别热衷于晒太阳，貌似方向没错，但生活中的晒太阳与医学上的紫外线光疗有着本质区别。治疗讲究的是剂量、时间、距离等参数，而晒太阳就是纯野蛮生长般拼运气，并不是所有的情况或部位都适用光疗。别盲目瞎照，搞不好，不但皮损没好转，还可能诱发日光性皮炎。

第二，生物制剂和小分子抑制剂是近年迅速发展的治疗方法，疗效确实好，而且国家政策给力，纳入医保支付范畴后的价格，绝大部分人都有能力负担。但即使通过治疗，短期内达到皮损完全清除，也并不等同于进了保险箱，病情不再反复。这类药物也有适应证，并不是想用就能用。一定要让医生帮你评估是否适合及是否存在风险，使用期间要定期复诊复查，不能太随意。

每年 10 月 29 日是"世界银屑病日"，为了关爱银屑病患者群体而设。虽然每年主题不同，但我们的关爱不变。只有我们一起携手努力，才能让恼人的"牛皮癣"不再困扰你。

5. 瘙痒

让人欲罢不能，欲说还羞的痒

秋风起，蟹脚痒。又到了吃蟹的季节，皮肤也不自觉地跟蟹脚一起痒痒痒。痒可以被描述为一种非常不愉快的感觉，让人无法抑制抓挠的冲动。经历过瘙痒的人都会有这样一种共识：痒比疼痛还难以忍受，恨不得把皮肤抓烂。这个局到底该如何破？

瘙痒作为一种负面的主观感受，形成过程很复杂，简单归纳，就是各种原因导致的皮肤内相关炎症因子的释放，包括组胺、蛋白酶、P 物质、阿片样物质、前列腺素等，经过层层信号通路转导，最终神经末梢将这些信息汇总到达中枢神经系统，也就是大脑。就这样，我们感到瘙痒。瘙痒

既可以是某种皮肤病的主要症状，也可以是某些系统性疾病的伴随表现，如果细数起来，实在太多了，简直让人防不胜防。

但不少人会有这样一种体验，就是明明皮肤没有任何异常，可就是觉得这儿痒、那儿痒，哪儿都痒，痒到睡不着，或者睡着了都能痒醒，苦不堪言。这种情况，我们定义为"瘙痒症"，生活中也很常见，老年人更多发，甚至可以被称为"老年性瘙痒症"，可能涉及的原因有很多。

首先，老年人由于生理性衰老，皮肤组织逐渐萎缩，表皮真皮变薄，皮脂腺、汗腺功能也相应减退。因此，皮肤内水分和皮脂含量均减少，皮肤不可避免地容易干燥。

其次，伴随皮肤衰老，皮肤生理性屏障功能大大降低，修复能力和对抗外界环境各种不良刺激的能力减弱，更容易出现和加重瘙痒。

此外，老年人的皮肤瘙痒症，还与生活中一些不良的生活习惯相关。比如，有的老年人习惯用很烫的热水洗澡，觉得这样才舒服。殊不知，过热的水会让皮肤更干燥，且刺激神经末梢。有的老年人不爱洗澡或洗澡次数过于频繁，洗澡时更是执着地使用肥皂、硫磺皂等强碱性产品，使原本很干燥的皮肤失去皮脂的滋润而加重瘙痒。

老年人年纪大了，生活内容简单，会更容易放大皮肤瘙痒的感觉。痒到日不能食，夜不能寐，生活受到严重影响，所以更需要关爱和重视。

如果自己觉得莫名其妙地总是皮肤瘙痒，没有特别固定的位置，也没有任何异常皮疹，那先从以下几个步骤做起。

1. 管理基础疾病

老年人多少会伴随一些基础疾病，比如常见的高血压、糖尿病等，要科学管理，控制好各项指标，包括平时的慢性病用药，也要仔细检查是否有诱发皮肤瘙痒的不良反应，及时跟专科医生沟通。如果怀疑皮肤瘙痒症跟某种药物相关，最好在情况允许的条件下更换更安全的药物。

2. 养成良好的生活习惯

（1）洗澡：年龄大了，皮肤的代谢率降低，所以没必要过于频繁地洗澡。夏季隔天洗 1 次，冬季每周洗 1~2 次就好；洗澡水温适宜，忌烫洗或过长时间泡澡；沐浴产品强调低刺激，避免强碱性成分，以免诱发或加重干燥；老年人代谢明显减慢，可以隔次只用清水冲洗，而不必每次都用沐浴产品。

（2）贴身衣物：原则是柔软、宽松、透气、不刺激，面料以纯棉或真丝为首选。羊毛、羊绒或化纤等材质尽量不贴身穿着。至于品牌的选择，意义不是很大。

（3）饮食：讲究营养充分、搭配均衡，宜清淡，忌太咸、太腻及辛辣刺激性食物，少喝酒、浓茶或浓咖啡为宜。

3. 重视日常皮肤护理

生理性皮肤干燥就需要额外补充，建议养成每天涂抹保湿霜的习惯，保证皮肤得到充足的滋润，尤其在皮脂腺分布稀少的部位，比如四肢末端、小腿、腰部等，更要加强保护，保湿的同时兼顾修复皮肤屏障功能，对于缓解单纯干燥导致的皮肤瘙痒症，可谓立竿见影。

4. 科学治疗

通过以上措施还无法有效缓解的皮肤瘙痒症，就需要科学的治疗，通常首选第二代 H_1 抗组胺药物，抑制瘙痒发生的源头。没有皮疹的正常皮肤，不建议经常使用激素类外用药膏，但局部瘙痒可以选择含有薄荷、樟脑或辣椒碱成分的外用制剂，作为有效手段来缓解瘙痒。此外，适当的心理疏导或生活内容调整也有助于控制瘙痒，提高生活质量。

关爱老年人，缓解瘙痒，从优化生活细节开始。

6. 鱼鳞病

鱼鳞病会让你变成美人鱼吗

"鱼鳞病"听上去似乎很美，全身长满亮闪闪会发光的鳞片，瞬间变身美人鱼，在水中自由呼吸、游曳、吐泡泡。可事实上，得了这种皮肤病，很痛苦。

一、病因和类型

鱼鳞病与遗传相关，最常见的寻常型鱼鳞病又名"干皮病"。先天性的基因缺陷导致表皮角质细胞无法正常脱落，日积月累，堆积在皮肤表面，变得越来越厚，看起来就像覆盖了一片片鱼鳞，所以才有了这个美丽的名字。由于是遗传性问题，往往在婴幼儿期或儿童期就会出现症状。厚厚的角质层堆积在皮肤表面，严重影响了排汗和正常代谢。如果在夏天还好，皮肤本来相对滋润，而到了冬天，环境寒冷干燥，皮肤也会随之更加干燥，症状会加重。另外，基因缺陷或突变的问题是无法解决的，也就意味着该病会伴随终身。虽然这很令人悲伤，但好消息是随着年龄增长，代谢缓慢，这层鳞片厚的程度也会相应有所减轻，不能不说，这还是"不幸中的小确幸"。

　　除了常见的寻常型，还有些不寻常的类型，包括表皮松解性角化过度症（大疱性鱼鳞病样红皮病）、板层状鱼鳞病、先天性非大疱性红皮病样鱼鳞病、先天性鱼鳞病、获得性鱼鳞病等。虽然相对少见，但若不幸中招，病情也会更凶险，值得我们去关注。

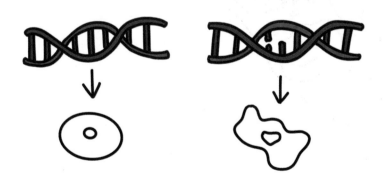

二、治疗和护理

　　既然无法根治，那就放任不管吗？也不对，对待鱼鳞病，我们还是要有积极、乐观的态度，通过科学的治疗和护理，尽可能地缓解症状，提高生活质量。如果家里有"美人鱼"宝宝或者自己患有鱼鳞病，那么在生活中要遵循以下原则。

（1）及时清洁：鱼鳞病本身就是因为代谢太慢，甚至该代谢的角质层无法自行脱落，而堆积的角质细胞不但进一步干扰正常代谢，还会造成污垢及继发的菌群失调。对于很多皮肤问题，我们总强调要控制沐浴次数和强度，但对于鱼鳞病，要反其道而行之，建议人为地及时清洗。

（2）温和清洁：多洗并不等于暴力或强力清洁，在沐浴过程中还是要温柔对待皮肤。选择低敏、低刺激性成分，与皮肤 pH 接近的弱酸性沐浴产品，避免强酸、强碱类产品，珍惜已经非常脆弱的皮肤屏障。

（3）加强保湿：很多皮肤病的护理过程，医生都强调要加强保湿，可每个人的标准不尽相同。这里告诉大家一些可以把握的简单标准。首先，洗浴后第一时间涂抹保湿产品，甚至在水珠还没擦干的时候就涂抹，这才叫及时。其次，保湿产品的选择，无论是霜剂、乳剂还是油剂，只要涂后感觉滋润、无刺激，且能持久维持滋润状态就可以，不必拘泥于品牌。当然了，大品牌自然有大品牌存在的道理。最后，量要足，每次要多涂厚涂，充分滋润，频率也得够，遵循按需原则，一天涂几次都不为过。满足以上标准，才叫真正的有效保湿。

（4）温水泡浴：洗澡这件事儿对于"美人鱼"非常重要，如果有条件，可以在温水中泡澡，尤其冬季容易出现大片状的鱼鳞样皮屑，干燥黏着、不易剥离，温水泡浴有助于更好地软化角质，进而清洁皮肤。但需要提醒的是，你不是真正的"鱼"，所以别一直待在水里。浸泡时间过长，反而会让皮肤水合过于饱和，结局就是更干燥。凡事讲究的是一个"度"。

（5）避免刺激：任何外界可能导致皮肤敏感或症状加重的刺激都应积极避免，包括肥皂、香水，过冷或过热、过湿或过干的环境。善待自己，温度和湿度以个人体感舒适为宜，贴身衣物最好为100%纯棉制品，宽松透气。其实，刺激性因素中也包括饮食，适当控制辛辣性食物，尽量保持均衡的饮食结构，保证水分和维生素的摄入，对于皮肤和身体健康都有好处。

（6）做好防晒：既然长了"鱼鳞"，就暂且把自己当作一条鱼，过与水为伴的生活。长时间暴露在阳光下会让皮肤更干燥，最终变成一条"咸鱼"。因此，生活中要养成防晒的好习惯。

虽然目前还无法治愈鱼鳞病，但也并不可怕。摆正心态，科学护理，与之和平共处，做一条健康的"美人鱼"吧。